基于生态城市的城市最优规模研究

纪爱华　著

U0310156

东南大学出版社
·南京·

引　言

目前,中国正处在城市化高速发展的时期,这意味着城市人口规模快速提高、城市空间规模大幅度扩张。城市规模的快速增长,一方面推动城市经济发展,提升城市的竞争力;另一方面,则产生了土地紧张、住房拥挤、交通堵塞、资源短缺、环境污染等城市问题。如何求出城市的最优规模,既保证城市经济持续快速增长,又不出现种种城市病,如何使城市达到最优规模,是 21 世纪我国城镇化建设面临的重大课题。

本书从一个新的视角——生态城市的角度研究城市规模,借鉴城市生态学、城市经济学以及相关社会科学等领域的已有研究成果,以系统论为基础解释方法,采用定性分析与定量分析相结合、归纳总结与演绎推理相结合、理论分析与实证分析相结合等方法,以城市化为背景,建构基于生态城市理论分析的城市最优规模的研究框架。

通过对研究背景和生态城市理论及实践发展现状的分析,获得影响城市最优规模机理和规律的较为全面和深入的认识,提出从生态城市的角度研究城市最优规模的科学方法,建立基于生态

1

城市的城市最优规模的求解模型,分析和评判城市规模现状的合理与否,进一步指导城市的发展。本书的研究成果对城市规模的引导和控制具有重要的指导意义,为城市决策者提供一个科学依据。

本书首先回顾了国内外城市最优规模的理论研究和实证过程,揭示了传统研究方法的弊端:仅研究城市内部要素,没有考虑城市外部环境对城市最优规模的影响。从生态城市的角度,将城市看做一个生态系统,对城市最优规模进行分析;认为城市最优规模的大小不仅取决于城市系统内部变量,也决定于城市在城市网络体系中的位置以及在城市网络体系中承担的功能,为后续的研究奠定了理论基础。

其次,运用生态城市理论,从城市生态系统角度对城市最优规模进行分析。在对影响城市最优规模要素分析的基础上,理清基于生态系统分析的城市最优规模思路:城市最优规模同时受城市系统内部要素和系统外部环境的影响。

再次,通过对城市系统内部组分、系统外部环境以及生态系统整体的分析,分别构建基于城市系统内部、系统外部环境的城市最优规模数学模型。同时,综合考虑城市系统内部与外部环境,整合基于生态城市整体分析的最优规模数学模型。基于所创建数学模型在实证研究中的应用,以综合性、代表性、层次性、可比性和可操作性为原则,构建影响城市规模的系统内部结构和系统外部环境的指标体系,并运用特尔斐法和语义变量分析法对指标进行赋权处理。

最后,以青岛市为例,对城市的最优规模进行实证研究。根据建立的数学模型,应用 EViews 软件,通过对相关数据(基于城市系统内部分析的模型采用 1988—2012 年数据,基于城市系统外部环境和生态系统整体分析的模型采用 1998—2012 年数据)进行回归分析,分别得出了不同角度下青岛市的最优城市规模和适度城市规模,并且根据青岛市城市规模发展现状提出今后的发展对策。

希望本书能为城市规划、城市设计专业师生以及城市建设者、管理者了解和研究城市规模打开一个新的视角,为中国城市化建设提供有益的指导。

目 录

第一章 绪 论

第一节 研究背景

> "人类不再满足他们的居住环境……人们在大城市
> 中遭受着拥挤、噪音,同时人类也在大量毁坏着周围的自
> 然环境。"

——道萨迪亚斯,1968

一、城市规模迅速扩展引发的问题日益突出

改革开放以来,我国经济发展迅速,城市化水平也高速发展。
1979 年我国城市人口共 1.85 亿,城市化率为 18.96%;截至 2015 年
末,我国城镇人口增加到 7.7 亿,城镇化率达到52.61%[①](图 1-1)。

---

① 数据来源于国家统计局网站,为 2015 年末中国内地城镇总人口数据(包括 31
个省、自治区、直辖市和中国人民解放军现役军人,不包括香港、澳门特别行政区和台湾
省以及海外华侨人数)。

联合国经社事务部人口司在 2010 年 3 月 25 日发布的《世界城市化展望(2009 年修正版)》报告中写道,在近 30 年的时间里中国的城市化速度超过世界上其他任何国家,而且该增长速度也远远高于发达国家在其经济发展初期的发展速度。

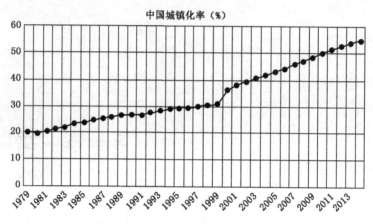

图 1-1　1979—2014 年中国城镇化率

数据来源:《中国统计年鉴》(1980—2015 年)

中国城市化的高速增长不仅表现在城市人口总体规模的发展上,更表现为单个城市人口规模尤其是大城市人口规模的迅猛增长[①]。据《世界城市化展望(2009 年修正版)》报告称,全球有四分之一的 50 万以上人口的城市分布在中国;未来 50 年,中国还将增加 100 个左右这样的城市。2000 年我国地级以上城市数目为 259 个,2014 年为 288 个。其中,50 万以下的小城市数目从 2000 年的 69 个减少到 2014 年的 51 个;2000 年 50 万～100 万的中等城市数目有 103 个,2014 年减少到 98 个;2000 年超过 100 万的大城市和特大城市数目有 90 个,2014 年增加到 143 个;2000 年超过 500 万

---

① 城市规模包括两个方面的内涵:城市总体规模和单个城市规模。城市总体规模是指一个国家城市的数目总量、城市人口总量以及占全国总人口的比重,反映的是一个国家的城市化水平;单个城市规模指的是每个城市的人口数量、用地面积以及社会经济实力。

的特大城市有 8 个,2014 年增加到 16 个(图 1-2)[①]。从 2000 年到 2014 年的 15 年间,城镇的总数增加了 29 个,增加了 11.19％。但不同规模的城市数目的增长比率差别很大:小城市和中等城市的数目减少了,其中小城市尤为明显,减少了 26.1％;大城市和特大城市的增长迅速,其中大城市的数目增加了 58.9％;特大城市尤甚,增加了 100％。

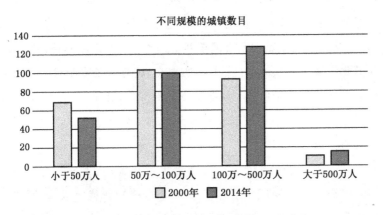

图 1-2　2000—2014 年期间中国不同规模地级以上城市的数目

数据来源:《中国统计年鉴》(2001—2015 年)

理论上讲,城市规模的扩大会带来规模经济效应:人口增加导致人口需求增加,引致供应商品种类和数量增加,促进生产的发展和城市产业规模的扩大;城市公共基础设施投资导致居民生活水平提高、企业生产成本降低和市场范围扩大,在城市内部形成需求和生产相互促进的良性循环。但是,如果城市规模一味地持续扩大,超出城市基础设施和生态环境的正常承载能力,将导致城市资源枯竭、服务水平下降、环境污染加剧、土地和房地产价格飙升、住房拥挤、交通堵塞等等。城市经历高速发展后,城市规模的迅猛增

---

①　据 2013 年 7 月 5 日《经济参考报》报道,国家发展改革委员会正在广泛征求意见并抓紧修改完善的"国家中长期新型城镇化规划"对城市规模划定标准进行了重新设定,50 万人以下为小城市,中等城市为 50 万～100 万人,大城市为 100 万～500 万人。此外,增加对超过 500 万人的城市认定为特大城市。

长造成的规模不经济使得城市成本超过收益,抵消正向效应,引发一系列的城市问题。特别是近几年,这些问题在我国尤为严重。

专栏1.1 典型城市环境问题案例

深圳 深圳土地面积仅为 1 952.8 km²,但是常住人口已经从1979年(开始建市)的 31.41 万人增长到 2010 年年底的 1 037.2 万人(增长了 32 倍),仅用了 31 年的时间就完成了从小城市到特大城市的蜕变,人口密度位居全国第一、全球第五。快速的膨胀发展使全市已面临空间资源、土地资源、水资源和环境资源等方面发展压力过大、难以为继的局面。虽然地处珠江三角洲地区,但多条河流被严重污染,成为我国水资源严重短缺的城市之一,2009 年人均水资源占有量下降到 1989 年的 1/8。深圳市副市长李锋说道:"深圳已背上了沉重的人口包袱,成为制约深圳经济建设和城市发展的突出瓶颈。"

北京 由于城市规模过大让北京患上了严重的"大城市综合征",给资源、环境、公共服务和城市管理等都带来严峻的挑战。教育、医疗等公共资源紧张以及空气污染等问题,成为市民生活的压力,也成为北京必须破解的难题。欧洲太空总署公布的卫星数据曾显示,北京曾经是全球汽车废气污染最严重的城市。北京市公安局户籍处宣传科副科长关玺华曾感慨地说:"现在北京的大街快成了全国最大的停车场了。"据中国人民大学人口与发展研究中心调查显示,北京市未来水资源供水能力(包括南水北调供应量)约 35.6 亿~37.1 亿 m³,据此发展下去,未来十年内,人均水资源量将不足 300 m³,远低于国际公认人均 1 000 m³ 缺水警戒线。

据 2011 年 11 月份第六次人口普查结果,我国城市人口①超过 1 000 万的巨大型城市有 6 个,其中上海更是高达 2 231.5 万人。随着我国新型城镇化的建设,预计中国未来 20 年的平均城市化速

---

① 此处城市人口为市辖区常住人口(不包括所辖县和县级市等)。超过 1 000 万人口的城市分别是上海 2 231.5 万人、北京 1 882.7 万人、重庆 1 569.4 万人、天津 1 109.0 万人、广州 1 107.1 万人、深圳 1 035.8 万人。

度有可能保持在年增长 0.8 个百分点左右,每年新增城镇人口可达 1 500 万人以上。如此大规模的城市化即意味着城市人口规模的快速提高、城市空间规模的大幅度扩张,必然带来自然资源匮乏、环境质量下降、公共服务供需矛盾、交通拥堵、用水紧缺、空气污染等众多"大城市病"的产生。

城市政府目前面临两难的抉择困境:一方面,城市规模的扩张是推动城市经济发展、提升城市竞争力的有效方式;另一方面,如何为城市规模扩张提供足够的土地、就业、可支付的城市住房,解决城市交通问题、社会问题、环境问题、资源问题,又严峻地摆在城市决策者的面前。

因此,城市规模发展及其最优值的选择,成为一个理论与实践兼备的主要命题,该命题既是城市学者的研究重点,又是行政当局城市治理迫切之急需。

二、生态城市的理念正深入人心

从有城市以来,人类就从未间断对城市未来的探索和追求。特别是自第二次世界大战以来,经济发展而导致的城市恶化问题,更引发了许多学者和普通市民去思考一个问题——城市将何去何从?从人文主义先驱者设想的"理想国""乌托邦"、太阳城、新协和村、公社新村,到 20 世纪初提出的"田园城市""新城",一直到后来的卫星城、立体城市、绿色城市、山水城市、生态城市等等,学者们提出了种种城市模式,既表达了人类对未来城市的追求与憧憬,也体现了人类对自身历史和现实的反思。1997 年,联合国人居中心世界住房日的主题定为"未来城市",以引起人们对城市未来的关注。

多年来,在对城市未来发展的模式研究和探索中,人们虽然并没有在具体细节上取得完全一致,但至少在新的发展观念上基本上达成了共识,即:发展不仅仅是一个经济概念,还包括社会活动和自然环境等所有方面的进步;发展的意义不仅仅限于眼前的短期利益,不能仅顾及当代人甚至少数人的利益,还要考虑代际公平,顾及人类长久的、可持续的生存。在新的发展观的指导下,新的城市发展理念逐渐形成:城市发展要走可持续的城市发展道路,以人为本,以保护环境为手段,以维护生态平衡为目的。这也正是近年来城市规划思想的主流,"生态城市"理念正是这种思想的体现。欧洲、北美的许多国家,甚至一些发展中国家如印度、巴西等已经将生态城市的规划思想付诸实践,诸多城市提出了具体的"生态城市"建设目标和方案,并且取得了很大的成效。

改革开放后,特别是近十几年来,我国城市发生了巨大变化。城市化水平不断提高,人口大量向城市集聚,城市规模快速膨胀,给城市的基础设施及生态环境造成巨大的压力,使城市的各种问题不断涌现并且日益显著。这些问题的出现直接引起了人们对城市规划思想认识的巨大变化,人们慢慢接纳了可持续发展的思想,并认识到城市首先是人的家园,因此实现人与自然和谐共处、环境优美、适合宜居的生态城市成了我国大多数城市建设的目标。

"生态城市"是人类经过长期反思后的理性选择,就科学意义而言该选项兼具"必然性与唯一性"。人类发展面对着种种生态危机,北极冰融、厄尔尼诺现象、地球气候变暖、海平面上升等各种环境问题威胁着人类的生存,而这些现象都与现有的不可持续发展城市模式的选择相关联。正如联合国助理秘书长沃利·恩所说:"为使城市化给人类带来更充分的物质享受、便利的生活设施和高效的信息交流,解决环境污染、交通拥挤、住房紧张等城市问题,我们唯一的出路,就是建设生态城市。"①可以说,人类到了十字路口,要么选择生态城市,要么衰落甚至灭亡。

面对日益严重的生态危机,"生态城市"科学思想日益深入人心,城市首先是人类聚居家园,其政治、经济、文化、社会功能要服

---

① 屠梅曾,赵旭.生态城市:城市发展的大趋势[N].经济日报,1999-04-08.

从"以人为本"的基本原则。"生态城市"既是可持续发展的基本措施，又是人类文明的发展趋势。

生态城市逐步引起世界各国的普遍关注，并被认为是 21 世纪城市建设的最佳模式，是国际上第四代城市发展的目标，是循环经济的新范式[1]。生态城市的理念越来越被人们接受，生态城市已经成为全球城市建设的重要发展趋势。

第二节 研究目的和意义

一、研究目的

城市规模，是一个长期而宽泛的研究领域。经济学、地理学、社会学、规划学、建筑学、生态学界都将城市规模作为研究课题，不同的学者从各自的研究角度出发，得到缤纷的研究结果。但是首先，不同学科的研究具有共同指向，将城市的政治、经济、社会、环境等问题都归咎于"过大的城市规模"。其次，追求"理想化的城市规模"设计与规划，以人对城市的期许代替科学规律。最后，没有形成关于"城市规模"及"最优模式"的经典理论，解释城市规模的现实形成过程，预见城市规模的客观前景。特别是我国现行采用的城市规模预测方法多来源于计划经济体制，对市场经济的发展规律知之不多，以致出现全国各地方城乡规划总人口之和远超全国规划人口之和的荒谬数字结论，城市总体规划中的人口规模数字与规划期限的实际人口数字相差甚远的案例亦屡见不鲜①。"城

---

① 2009 年底，北京全市户籍人口 1 246 万人，登记流动人口 763.8 万人，其中在京居住半年以上的 726.4 万人，总量 1 972 万人，提前 10 年突破国务院批复的确定到 2020 年北京市常住人口总量控制在 1 800 万人的目标。

市最优规模"命题对于城乡规划领域的理论体系建设将体现出重要的学术价值,对于我国快速发展的城市化过程具有重要的现实指导意义。

针对目前大城市由于人口过度膨胀所引发的土地、大气、水等环境资源超载、传染病激增、治安恶化等社会问题,本书建立了基于生态城市理论的城市最优规模模型,以评判现实城市规模是否合理,并给出指导性建议。通过本书的研究,能够获得影响城市最优规模机理和规律较为全面和深入的认识,构建基于生态城市理论的城市最优规模数学模型,以分析和评判城市规模现状,进一步指导城市未来发展。具体表现在以下四个方面。

(1)分析影响城市最优规模的要素,揭示各要素对城市最优(适度)规模的影响规律。

(2)构建影响城市最优(适度)规模的指标体系,量化各个要素对城市规模发展的影响。

(3)建立基于生态城市理论的城市最优(适度)规模数学模型,为评判城市规模的合理性提供科学依据。

(4)提出对城市规模合理发展与控制的若干指导性建议。

二、研究意义

城市是一个综合的、开放的生态系统,包括经济子系统、社会子系统和环境子系统三个子系统,子系统之间有着密切的联系。因此,衡量一个城市系统内部的最优效益,不仅仅是当今学者所探讨的经济效益的最大化,还应该包括社会效益和环境效益在内的综合效益最大化。同时,每个城市都不能独立存在,又和生态系统的外部环境有着非常密切的关系。所以本书在研究城市的最优规模时,基于生态城市的角度,把城市作为一个"经济—社会—环境"复合系统,不仅考虑城市系统内部组成要素对城市最优规模的限制,而且考虑系统外部环境对城市最优规模的影响,突破了以往传统研究中仅研究城市系统内部,仅从经济或者资源约束条件来求证的思路。因而,研究成果具有理论创新价值和实践应用前景。

本书从生态城市的角度分析城市最优规模的主要影响因素和发展规律,揭示城市最优规模的形成机制为城市规模的引导和控制提供指导:

(1)就城市科学理论而言,从生态城市的角度研究城市最优规模,强调城市规模同时受城市系统内部组成和系统外部环境的双重影响和制约,从一个全新视角对城市最优规模进行分析,并构建数学模型,为城市最优规模的研究开辟一个新的方向。

(2)就政府决策机构而言,构建城市规模最优解的求解数学模型,提出实现城市规模合理发展的建议对策,为城市领导决策者、建设管理者及有关部门,在制定城市发展和管理政策方面提供有益指导,以发挥城市政府的积极引导作用,创造良好的城市发展环境,对于加强政府管理、完善城市功能,进一步推动城市的良性发展具有理论价值和实践意义。

(3)就城市居民而言,通过运用生态城市理论对城市最优规模进行分析,可在广大居民中逐步树立起生态文明的科学发展观,并以之指导自身的行为,推动城市的可持续发展。

第三节 研究框架和思路

一、研究思路

本书以城市生态学、城市经济学、区域经济学等有关学科的基本理论为基础,运用生态城市的基本思想,针对城市规模发展的特点,建立了基于生态城市的城市最优规模数学模型,求解城市的最优规模。

从生态学的角度来看,现代城市是由经济子系统、社会子系统和自然子系统共同构成的有机复合生态系统,是一个高容量、高密度、高效率的开放性生态系统。基于这一认识,本书从生态城市的视角来审视城市规模问题:首先,分析城市系统内部组成和系统外部环境对城市规模的影响;其次,结合生态城市理论,依次递进地研究基于城市生态系统内部组成影响、城市生态系统外部环境影响、城市生态系统整体影响的三个数学模型,并构建对应的指标体系进行量化;最后,以青岛市为例进行实证分析,探讨青岛市最优规模和适度规模,为政府有效的宏观调控提供科学的理论依据。

二、研究方法

本书通过文献查阅和案例分析,运用系统科学理论、动态分析法、统计分析法,借助地理学统计方法加工处理反映空间关系的信息和数据,模拟空间关系的状况和过程。

（1）以文献分析为主,多学科交叉研究

通过查阅相关文献,基于城市生态学视角,借鉴城市地理学、人口经济学、城市规划学、区域经济学、发展经济学、资源经济学、制度经济学、政治地理学、计量地理学和社会学等学科理论,分析国内外城市最优规模问题研究的发展过程、现状特点及发展趋势,建立基于生态城市理论视角分析的城市最优规模理论。

（2）系统分析方法

从系统论的角度出发,着重研究系统总体和部分、系统内部和外部之间的相互作用及相互制约的关系,以达到系统整体的最佳效果。

城市系统是一个由多部门组成、受多组分影响、具有多重功能的复杂生态系统。在这个系统中,各种组分相互制约、相互依存、相互影响、相互交织,共同作用于城市的整个发展过程中。同时,城市发展又受到系统外部环境的影响和制约。因此,采取系统分析方法,才能科学梳理影响城市发展的各种因素及其关系。另外,必须考虑到城市系统又处在不断的发展变化中,系统内部组分与系统外部环境要素也在不断发生变化,所以演化的系统观是研究城市最优规模问题的基本思想。

(3)定性分析与定量分析相结合

定性分析方法通过对客观事实的归纳总结,使客观事实上升到科学事实,使用话语分析方法使科学事实上升到哲学层次,解释事物的规律性,把握事物的本质特征。定性分析方法是科学研究的最基础内容,可用于城市哲学和城市科学命题研究。定量分析方法通过对客观事实的归纳总结,使客观事实上升到科学事实,在限定条件下使用数学逻辑方法使科学事实上升到数学层次,建立数学模型求得解析解、数值解或者进行数学方程解的特征分析,从而精确解释事物的规律性,把握事物的本质特征。定量分析方法是科学研究的又一个基础内容,多用于城市科学命题研究。定性研究是定量研究的基础,定量研究为定性研究服务,可以使定性研究更精确、更深刻,定性分析方法与定量分析方法相结合是城市命题研究的基本方法。

本书对于一些有普遍代表性但难以收集到全面、详尽数据的指标采用了定性分析方法,如城市的政治功能,对于能够获得数据的指标采用了定量分析方法。以生态城市理论为指导,利用层次分析法、特尔斐法、语义变量分析法等对城市最优规模指标进行处理,分析评价过程,确保研究结果的客观性、准确性和严谨性。

(4)普适理论研究和实证研究相结合

普适理论研究和实证研究是对问题进行深入分析的两种基本方法,将这两种方法有机地结合起来,扬长避短,利于达到对城市最优规模全面、深入的研究。在探讨城市最优规模理论和实践的基础上,针对不同地区、不同领域、不同层次的城市,尝试构建共性特征——城市最优规模的变量指标与机理模型,这是普适理论研究;对案例城市进行量化建模,针对具体城市最优规模进行求解,提供决策依据,这是实证研究。

（5）网络分析法

社会网络分析是现代社会学的重要分支学科,是传统社会调查方法的重要补充。网络分析法能用于大量的结构和关系的测度,在研究城市之间的关系中特别适用。本书在对城市系统外部环境影响城市最优规模的分析中,引入城市网络"联结度"和"功能度"两个新概念,利用网络分析方法,构建指标体系,定量表征"联结度"和"功能度"。

具体步骤如下:

首先,根据系统理论分析影响城市最优规模的因素,利用相关数学方法构建影响指标体系。

其次,利用生态城市理论,分别从城市系统内部组成、系统外部环境和系统整体三个方面进行城市最优规模的理论分析。

最后,在以上研究基础上,依次构建基于生态城市系统内部组成、系统外部环境和系统整体的城市最优（适度）规模数学模型。

三、研究框架

本书的技术路线框架见图1-3。

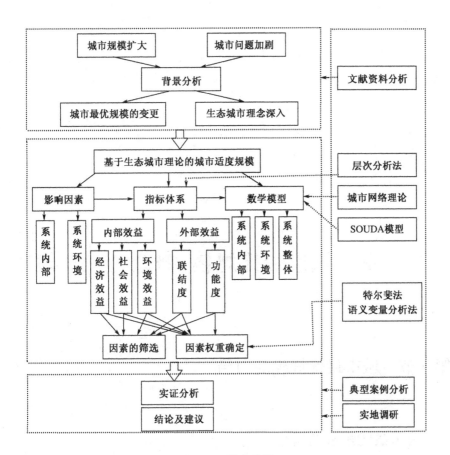

图 1-3　技术路线

13

第二章　城市最优规模：概念、方法、理论

第一节　城市最优规模的内涵

一、城市最优规模的概念

1. 城市规模

城市规模是城市本质特征量数值化的表现形式,例如城市人口数量、城市建成区面积、城市国内生产总值(GDP)、城市生态环境承载力等等;就城市形成与发展动因而言,城市规模既体现为城市要素的空间集聚,也体现为城市要素的空间扩散。有的学者认为可以将城市规模与城市要素的集聚度与扩散度相关联[2],以利于城市规模形成动因的研究。城市规模具有静态与动态、时间与空间的相对属性,因此,城市规模研究是城市科学领域相对性、复杂性、挑战性都比较高的命题。

城市规模即指城市的大小,它是一个综合概念,不仅仅包括传

14

统意义上的自然规模、经济规模，也应该包括生态环境规模。自然规模包括城市人口数量规模或建成区面积规模；经济规模则指城市经济实力，如产业规模、基础设施规模等；生态环境规模是本书的创新概念，是指一个城市的生态环境的支撑能力，可用生态环境承载力（包括土地资源、水资源、大气资源、能源、矿产资源等）表示。

理论分析过程中（在不失一般性的假设条件下），各种表征城市规模的规模指标都和人口规模有着密切的关系。一般来说，城市用地规模和经济规模随着人口规模的增长而增长，而人口规模具有明确的划分标准和衡量指标，所以在一般性研究中，为了数据统计的方便，城市规模的统计以人口规模为主[①]。此外，由于生态环境规模的相关指标难以定量化，目前实证研究中还难以实施，且生态环境规模也可以表现为城市生态环境所容纳的人口，因此也可以用人口规模表示。

2. 城市最优规模

理查森（Richardson，1973a）在《城市规模经济学》一书中对城市规模理论进行了系统的分析[3]：城市规模扩大的同时，产出规模和市场范围也随之扩大，熟练技术工人增多，基础设施得到高效使用[②]，城市发展过程中出现正的外部性，即集聚经济，使企业生产成本和居民生活成本不断下降，城市平均区位成本降低。但是，聚集经济不是一直存在，当城市增长超过一定规模时，过度集聚就会产生交通拥挤、房价飙升、环境污染等城市问题，城市区位成本上升，

---

① 本书中的城市规模如果没有特别说明，都指人口规模。

② 2007年，美国路易斯·贝特恩考特（Luis Bettencourt）博士等发表题为"城市的增长、创新、标度行为与生活节奏"的论文，分析了美国、中国、德国及整个欧洲的大量数据后得出，与城市相关的很多指标都与城市人口数量具有相关性。其中，城市基础设施建设指标（如道路面积、加油站数量和敷设电缆线总长度等）的增长速率是人口增长速率的0.8次方左右。这即表明，与城市人口增加的速率相比，基础设施增加的速率较小，也就是说具有规模经济。

15

城市效益下降甚至为负。在城市规模不断增加的过程中，城市平均区位成本表现为先下降后上升，呈正"U"形，而城市平均区位收益则是先上升后下降，呈倒"U"形；当城市平均区位收益与平均区位成本差值(即城市效益)最大时所对应的城市规模即为一个城市的最优规模。

二、城市适度规模含义

从理论上说，城市规模的增长应该存在某个拐点，在这个点上，城市的收益和成本相差最大，城市的综合效益最佳，这个拐点两侧对应的城市规模都不能获得综合效益的最大值。这个拐点就是城市的最优规模。

根据城市最优规模理论，所有城市最优规模的大小是一样的，城市规模增长到一定阶段以后，应该停止甚至缩小。但是，现实中，由于现实修正指数不同(自然地理条件、社会经济发展、历史文化背景等差异)，因此，城市最优规模显然是一个随时间、地点不断变化的数量；现实中城市的发展不会停止，更不会萎缩，而是一直增长的，于是就有了城市规模增长实践与城市最优规模理论之间的矛盾。卡佩罗(Capello)和卡马尼(Camagni)(2000a)利用城市网络理论对城市最优规模进行了批判性的改进：认为城市规模研究的实质不应该是最优城市规模，而是有效城市规模(city effective size)；把城市看做整个城市分工网络上的一个节点，强调城市之间的网络外部效应；提出"有效城市规模"(即适度城市规模)的概念，当城市规模扩大所带来的社会综合收益等于城市规模扩大所带来的社会综合

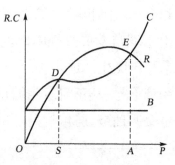

图 2-1　城市适度规模示意图
　　注：横轴为由人口表现的城市规模，纵轴为城市收益和成本，B 为城市基础设施投入，C 是城市总投入成本，R 是城市总产出收益。由成本曲线 C 与效益曲线 R 相交的 D、E 点所对应的区间就是城市适度规模范围。

成本时,城市规模达到一个动态的均衡,形成一个城市规模区间
(即城市适度规模)(图 2-1)[4]。

城市适度规模理论是对以往最优城市规模理论的批判和改
进,认为城市的发展是一个动态变化过程,而用静止的观点来研究
城市最优规模则被认为并不科学。

三、城市最优规模的辩证分析

城市最优规模到底存不存在,有没有研究的必要,许多学者也
有不同的争议。

希根斯(Higgins,1986)认为,"并不存在最优规模问题……对城
市规模中存在着门槛人口的论点也不如以前那样肯定。"[5]马丁·
P. 布罗克霍夫(Martin P. Brockerhoff,2000)提出:"没有证据表明
存在一个最优规模,超过这个规模,集聚的负效应会超过正效
应。"[6]伊文思(Evans,1985)则认为,"并不存在着某种确切的最
佳城市规模"[7]。阿朗索(Alonso,1971)指出:"大部分关于城市
规模的文献都强调城市规模不经济,并试图将人均成本最低点视
为最优城市规模。这无论是在逻辑上还是事实基础上都是错误
的。"[8]霍克(Hoch,1972)也认为,"没有最优的城市规模,不同的
城市将有不同的最优规模"[9]。

纵观国外学者对城市最优规模的讨论和分析,可以总结出四
种研究结论:①认为"城市最优规模"存在,且是一个确切数值;
②认为城市最优规模应该是适度规模,是一个区间范围值;③认
为城市最优规模是一个动态值,随着时空条件的变化而变化,不
存在绝对静止的适合所有城市的最优规模值(巴顿,1976)[10];
④认为城市最优规模的研究根本就没有意义(理查森,1973)[11]。

这四种观点都有一定科学性,在一定条件下也都是正确的。
第一种观点认为城市"最优规模"存在具体的数值,从理论上讲,对
特定时间、特定城市来说,应该存在着最优规模的特定值,但这个

值却很难准确计算，或者说是不可知的。第二种观点认为城市最优规模是一个区间值，这是从动态角度而言的，在一定的时空范围内，最优城市规模会随时间和不同的城市而变，即不再是一个固定值，而是在一定区间范围内变化。第三种观点最科学，它承认了最优城市规模的动态变化。第四种观点最值得商榷，即最不合理。理查森并没有否定最优城市规模静态分析的价值，相反，他批判的仅仅是那些不顾技术变化等条件，仅仅用现实世界的动态数据去求证静态角度下才成立的最优城市规模的做法。

城市最优规模是一个相对命题，是相对于某一城市、某一时期所处的经济、社会、科学技术以及其生态环境而言的。伦敦、纽约、东京等城市现在的规模是前人无法想象的，北京、上海、广州城市规模还会越来越大，但是如果为了避免超出城市特定时期的承载能力而带来的城市问题，就需要求证其最优规模并采取相应的控制措施了。

第二节　城市最优规模理论研究

一、国外相关文献

城市规模研究最早萌芽于霍华德(E. Howard)的花园城市理论[12]。自此以后，城市规模一直是城市经济学领域中的研究热点。《新帕尔格雷夫经济学大辞典》认为城市规模是城市经济学中两个重要的问题之一。长时期来，西方学者对最优城市规模问题的研究经历了从静态线性研究到动态多维研究模式的转变，这一领域的研究也日趋成熟起来[13-27]。

根据不同时期对最优城市规模研究的不同，可以分为以下几个阶段。

1. 早期的定量研究

表 2-1 不同学者城市最优人口一览表[28]

研究作者	城市适度人口规模(万人)
柏拉图(古希腊)	0.504
贝克(1910)	9
巴尼特住房调查委员会(1938)	10～25
洛马克斯(1943)	10～15
克拉克(1945)	10～20
邓肯(1956)	50～100
赫西(1959)	5～10
大伦敦地方政府皇家委员会(1960)	10～25
斯韦美兹(1967)	3～25
英国地方政府皇家委员会(1969)	25～100

　　早期的学者对最优城市规模的研究角度比较单一,由于采用的计量模型和变量存在差异,城市最优规模解差异也非常大(表2-1)。最早提出城市最优规模的是古希腊的柏拉图(Plato),他认为一个城市的人口规模即为城市广场能容纳的人数,大约为5 040人。霍华德在花园城市理论中提出的最优规模为:中心城市5.8万人,外围城市3.2万人。英国经济学家E.舒马赫认为城市合适规模的上限大约为50万人。美国经济学家金德尔伯格认为城市的合理规模为200万～300万人。以上学者的观点只是感性的判断,是他们价值观的反映,但是没有进行理性研究和实证分析,难以全面揭示城市规模发展的一般规律。

　　这个时期学者的研究多是从政治角度出发,大多数研究集中在对城市经济活动系统内部的空间分布及其性质的分析上,而未考虑到周围地区与城市之间的影响,也很少考虑社会、环境因素,且对公共设施未进行过多考虑,认为其是外生给定的。

2. 20 世纪 70 年代的研究——重视理论推导的微观基础

随着城市经济学的逐渐兴起,最优城市规模问题逐渐被纳入主流经济学的分析中,研究也变得更加规范化,形成了一系列的数学模型用以理论和实证研究,并进一步预测最优城市规模。

伊文思(Evans,1972)用城市内部生产成本最小化来分析城市最优规模问题[29]。莫里斯(Mirrless,1972)利用本瑟姆特(Benthamite)社会福利函数分析了最优城市规模问题[30]。莱利(Riley)、阿诺特(Arnott)和怀尔德森(Wildasin,1986a)都在此基础上进一步开展了相关实证分析[31-32]。20 世纪 70 年代中后期,不同学者从不同的角度对最优城市规模进行了更广泛的研究。托丽(Tolley,1974)从国民收入和成本受城市规模影响的角度进行了分析[[33]]。亨德森(Henderson,1974)则强调理性经济人的行为影响,将最优城市规模归结为经济参与者潜在福利最大化是城市最优规模的直接原因[34]。宫尾(Miyao,1978)从新的二维角度研究了最优城市规模问题[35]。宫尾和夏皮罗(Shapiro,1979)对城乡之间的人口流动进行了分析,进一步改进了哈里斯-托达罗(Harris-Todaro)的人口迁移模型[36]。

这一时期是城市最优规模理论的重要发展时期,研究更加重视微观基础的理论推导,关注经济主体的行为特征,并将研究扩展到了多维分析。

3. 20 世纪 80 年代的研究——城市规模因子的综合分析

这一时期,最优城市规模的研究更加规范化。阿诺特(Arnott,1980)在对以往理论和实践批判的基础上,建立了一个静态的、包含交通成本因素的空间分析框架[37]。哈维(Harvey,1981)利用"成本—收益分析"研究了最优城市规模问题,并且进一步界定了社会成本和私人成本[38]。蒙哥马利(Montgomery,1988)利用耶策(Yezer)和戈德法布(Goldfarb)在《有效城市规模的间接测试》一文中建立的经济模型来分析最优城市规模，认为最优城市规模依赖于工业生产函数和集聚函数中参数的设置以及对消费者偏好的假定。研究结论显示，名义工资水平、城市房屋价格和城市舒适度是决定最优城市规模的关键因素。

这一时期研究更加科学合理，很多学者开始分析城市中不同因子对最优规模的影响，最难得可贵的是有学者已经认识到最优城市规模是一个动态演进的过程。

4. 20 世纪 90 年代以来的研究——新框架下的最优城市规模研究

这一时期，许多学者开始意识到以往在新古典经济学框架中的最优城市规模研究的缺陷，开始尝试建立全新的理论框架，对最优城市规模问题进行研究。

亨德森（1985）对不同的城市赋予不同的生产函数，这样每个城市的最优解就会不一样，甚至是一个区间值。藤田（Fujita，1989）引入了全体条件构建了全新的数学模型。维森特·罗尤埃拉（Vicente Royuela）和乔迪·苏瑞纳克（Jordi Surinach）（2005）认为城市居民生活质量的组成要素也影响着城市规模，并从"成本—效益"角度对城市生活质量要素（18 类）进行了深入分析[39]。杨（Yang，1990）、杨和霍格宾（Hogbin，1991）利用新兴古典经济学的分析框架，更多地关注最优城市规模怎样受产业分工和专业化效应的影响[40-41]。克鲁格曼（Krugman，1993）从集聚效应的角度，建立了一个离散型多区域模型，认为城市的最优规模具有区域性且不是唯一值。卡佩罗（1998a）利用网络模型分析了最优城市规模问题，认为城市间的竞争与合作对城市最优规模有影响[42]。卡佩罗和卡马尼（2000）进一步提出了"有效城市规模"的概念，把单个城市视为整个城市分工网络上的节点，进一步界定了城市效益和城市成本的概念[4]。

二、国内相关文献

近年来,国内许多学者在对国外最优城市规模理论引进学习的基础上,结合我国国情进行了很多理论探讨和实证分析。周加来和黎永生(1999)认为,城市规模是人口规模和产业规模的统一[43]。陈彦光等利用分形理论探讨城市规模与产出之间的函数关系[44-45]。周海春等联系城市经济发展与人口问题,建立了适度人口规模辅助决策模型[46]。俞燕山利用 DEA 方法,考虑资本、土地、劳动力三要素,比较了不同规模等级城市的规模效率[47]。王小鲁和夏小林(1999)以"C-D"生产函数为基础,构造了城市的规模收益函数[48],得出我国最优城市规模的区间为 50 万~200 万人。马树才和宋丽敏(2003)认为,城市发展没有最优规模,只有合理的发展规模和水平[49]。金相郁(2004)利用卡利诺(Carlino)模型对东部地区三大直辖市的最优城市规模进行了求证分析[50]。许抄军基于城市环境质量、资源消耗和两型社会等不同角度对城市的最优规模做了一系列实证研究[51-53]。

国内学者主要以实证研究为主,进行定量研究[54-57]。不同学者使用的方法和模型不同,选取的变量和分析的样本空间也不统一,使得结论差异性较为明显,得出的最优城市规模也各不相同,小到几万人口,多到数百万人口[58-64]。但是,这些定量分析都是以欧美学者的理论为基础,与中国的实际情况相差较大,所以其结论有待商榷。

三、评价

学者们对最优城市规模的研究大多是指城市的人口规模,并且从不同的角度得出一些结论。但是,城市是一个由政治、经济、社会、文化、资源等诸多因素组成的综合系统,同时由于不同学者研究背景不同，分析角度、分析工具存在差异，导致城市最优规模没有达成共识。尽管如此，大多数学者都认为，从理论上讲最优城市规模是存在的，且随着城市的发展，最优城市规模也在不断地变化[50-51]。然而，在有限的特定时间段内，可以忽略技术的发展，城市发展必然遵守一定的"成本—效益"变化规律，存在城市的最优规模[52]。

此外，现有的关于城市最优规模的研究大多从经济效益、社会效益或"投入—产出"（成本—收益）等角度去探讨最优城市规模。这些分析以西方经济学中经济最大化原理为出发点，没有考虑到生态环境和社会因素等对城市发展的制约作用，导致结论更多地偏向于城市的经济效益，而忽视了城市人口发展对资源的消耗和对环境的污染。

四、对我国的借鉴意义

目前，我国正处于城市化高速发展的阶段，因此，梳理国外城市最优规模理论的研究对我国城市经济的发展以及城镇化战略的实施具有重要的借鉴意义。首先，国外关于城市最优规模的研究建立在较为完善的理论基础之上，许多基础理论仍然可以适用于当今中国城市问题的研究与分析。其次，科学地利用国外已有的成熟理论模型来分析我国的城市最优规模问题便于和西方发达国家进行横向的对比。再次，西方社会城市发展过程曾经面临的许多问题也是中国城市化发展过程中正在面临或将要面临的问题，借鉴其理论框架和分析方法，能为处于城市化加速发展时期中我国的城市最优规模问题研究提供理论依据和实践参考。

国外学者对于最优城市规模的研究仍存在一些不容忽视的缺陷。首先，国外学者对城市最优规模的研究多限于微观问题，忽视了宏观与微观之间的联系，而整个国民经济的宏观管理过程和微观管制过程不可分割,多数情况下微观管制政策都有其深刻的宏观背景,舍去这一点进行分析将是肤浅和片面的。其次,最优城市规模研究并没有考虑一个地区或城市内部资源环境承载力的问题,而忽略资源环境承载力对最优城市规模的影响显然与现实不符。再者,在城市最优规模问题的研究过程中往往把城市人口视为同质的,难以反映城市人口结构变化(年龄、性别、文化素质等特征)对结论产生的影响。最后,客观地讲,对城市规模的研究所涉及的不仅仅是一个纯粹的经济问题,而是一个有着广阔的政治、历史、地理背景等诸多影响因素的综合体,在影响城市最优规模的各种因素中许多是不能被模型化或数量化的[53]。

五、展望

通过对国内外相关文献的梳理,可以发现目前城市最优规模的研究虽然在理论建构和实践建设中取得了很大建树,但是还存在一些不足,需要进一步研究[54]。

(1)大部分理论与实证研究基于发达国家的发展模式进行,而我国特殊的国情(快速发展的城市化、严格的户籍制度、中央集权的土地制度、设市标准的差异等因素)下所形成的城市发展过程与西方国家或典型发展中国家的模型相差很大,国外学者的城市最优规模理论得出的很多结论有可能无法应用并指导我国的城市发展过程。因此,有必要构建符合我国快速城市化背景下的最优城市规模理论。

(2)研究中静态分析多,动态分析较少,而城市最优规模是一个不断发展的、动态的变化过程。城市最优规模是指特定城市、特定时间的最优规模,而这个规模是在以前的城市规模基础上形成的,与其发展过程密切相关。因此,有必要进行时间序列描述以探讨最优城市规模的增长轨迹。

(3)研究单个城市最优规模的多,在城市网络体系中探讨最优城市规模的少，特别是研究城市间相互作用对最优城市规模影响的更少。研究单个城市时又忽视了空间扩展方式（如紧凑式发展、"摊大饼"扩张）对最优城市规模的影响。

（4）实证研究远远滞后于理论研究，其中的主要原因是城市集聚经济水平难以度量，很多城市要素无法或者不能精确地进行定量表达。直到目前为止，还没有形成大家公认的实证分析方法。

（5）缺乏从可持续发展的角度研究最优城市规模。过于强调经济因素对城市规模的影响，忽视了社会因素、特别是自然与环境因素对城市最优规模的影响研究。因此，将社会和环境因素作为两个变量，建立基于生态城市（"自然—经济—社会"综合效益最大化）考虑的城市适度规模模型，是一个非常有价值、非常有必要的研究课题。

第三节　城市最优规模研究方法

自 20 世纪 60 年代以来，城市规模引起众多学者的关注和讨论。50 多年来，许多学者从不同角度、不同学科，建立了一系列可供理论分析和实际应用的经济理念和数学模型，对西方国家城市规模的增长和分布给出了强有力的解释。

一、最小成本理论

最小成本理论是最早研究最优城市规模的理论之一，认为最优城市规模是人均成本的函数。人均成本指城市服务设施的投资成本与城市运营成本等，如道路、绿化等，其函数图形表现为"U"字形。最小成本理论形成较早，并且能较好地适用于单个城市。但是实证研究中，不同城市采用的成本指标、时间范围、分析方法存在差异进而结论不同，且最小成本理论也没有考虑到城市的规模效益因素。理查森于 1972 年对最小成本理论进行了比较综合的批判概括,即:第一,最优城市规模不仅是公共成本的函数;第二,除了经济因素,非经济因素(接近度、保健、犯罪和安全等)对城市最优规模的影响也很重要,但是在实证研究中,这些因素都很难以量化;第三,最优城市规模是一个动态的过程。

虽然最小成本理论具有一些缺陷,但是它的可操作性很强,使之成为单个城市实证研究的最广泛的应用方法之一[①]。

二、"成本—收益"理论

"成本—收益"理论是由阿朗索于 1971 年基于生产和成本两方面对城市最优规模的影响而提出的一种理论模型,其横轴是城市人口规模,纵轴是成本。平均成本和平均生产(即平均收益)的交叉点是最小临界规模,而平均成本和边际成本的交叉点是最小成本规模。基于居民的角度,最优城市规模即为平均生产和平均成本差异最大时的规模;基于全社会角度,最优城市规模是边际生产和边际成本的交叉点。吉尔伯特(A. Gilbert,1976)却认为"成本—收益"理论的限度是总成本和总生产的度量,要考虑所有因素,而这些因素中有一些是很难做定量分析的[65]。

三、集聚经济理论

城市的本质即为集聚经济。集聚经济理论认为城市规模和城市效率有着密切的关系,即:如果城市规模低于最优规模的界限,随着城市规模的扩大,城市集聚经济将表现为正外部效应(集聚经济);相反,如果城市规模超过城市最优规模时,将带来负外部效应(集聚不经济)。因此,集聚经济可以作为衡量城市最优规模的依

---

① 最小成本理论和聚集经济理论被认为是最适合分析单个城市最优规模的实证研究方法。

据。但是实践中如何表征城市集聚经济却成了一个难题,是否可以以城市的人均所得来代替城市集聚经济?实证研究表明城市人口规模和人均所得为正相关关系。

四、城市机能理论

罗福全(Fu-chen Lo)和卡莫盖里(Kamal Salih)(1978)认为城市规模和城市机能之间有着一定的关系,即:不同机能的城市最优规模不同;对于同一个城市,最优规模随着城市机能的变化而改变[66]。城市在不同的经济发展时期,表现为提供农业服务、制造业服务、第三产业服务等不同的机能阶段。在农业服务阶段,城市机能的效率主要集中在农村服务上,随之也表现为具有农业城市的城市最优规模;随着城市规模的扩大,制造业的效率增加,城市机能表现为制造业的功能时,城市最优规模也表现为具有以制造业为主特征;随着城市规模进一步扩大,城市机能表现为服务业,城市规模也与之符合。

五、QOL 理论

部分城市规划者认为,3 万~5 万人是最理想的城市规模,过大则居民精神上孤立,城市魅力减少。但是,更大规模的城市可能会提供更好的教育、医疗、文化和流通等服务,即大城市可能会提高城市居民的生活质量(Quality of Life,QOL)。吉伯森(J. E. Gibson,1977)认为,3 万人左右的规模能够实现最大满足,而超过此规模的城市,通过服务功能的合理化,也能够提高大城市的满足度;100 万人以上的大城市具有文化、信息与创新等方面的特殊效应[67]。因此,利用生活质量指数可以度量最优城市规模。不过,难度就是生活质量指数的表征。

27

六、MCP 理论

MCP(Markov Chain Process)理论即马尔可夫链,是一种概率模型,通过对移动概率的跟踪分析,寻找现象的均衡点,也就是最佳均衡点。

MCP 理论认为,城市是一个不断发展的动态过程,是一个自我调整的过程,可以利用 MCP 理论分析城市规模的发展过程,进而确定最优规模点。有很多学者利用这种理论进行城市规模的实证分析,如埃沃(W. F. Iever)用它分析了英国城市人口阶级的移动均衡,日本经济企划厅经济研究所用它分析日本城市的增长,韩国赵珠泫(Cho Joo-Hyun)用它分析韩国的最优城市规模[68]。

七、城市网络理论

弗雷德曼(Friedmann)、斯托珀(Storper)和萨珊(Sassan)是最早提出城市网络理论的学者[69-71]。卡佩罗和卡马尼是把城市网络理论应用于城市最优规模研究较早的学者。

城市网络理论是对以往最优城市规模理论的批判和改进,对城市最优规模的研究具有里程碑作用。它认为城市效率并不是以经济为基础的静态过程,而是以城市网络为基础的动态过程,因此,对城市最优规模的研究视角应从对单个城市的研究转向城市间的联系对最优规模影响的研究。同时,该理论进一步指出,城市在城市网络中的功能和空间联系对城市规模的发展具有重要影响。卡佩罗和卡马尼认为城市是经济部门、物力部门和社会部门相互作用的结果;三种部门的相互作用和相互发展的效益和非效益(即城市网络产生网络外部效应)决定了最佳城市规模。卡佩罗和卡马尼(2000)利用该理论分析意大利 58 个城市的城市规模效率,金柱荣(Ju-Young Kim,2003)也用其对韩国的城市规模效率进行了研究[72]。

小　结

　　本章对城市最优规模理论做了回顾，对城市最优规模的内涵进行了分析，为后文研究奠定了理论基础。

　　首先，界定城市最优规模，分析城市发展的特点，在此基础上进一步阐述城市适度规模的概念。

　　其次，对历年来城市最优规模的研究方法做了梳理分析。其中，城市网络理论是目前来讲相对最为合理的一种方法，但是还不完善。本书将在后面的研究中继续深化该方法，以求在城市最优规模的求证上有所创新。

第三章　生态城市理论研究

> 城市是生物圈唯一的寄生虫……城市的规划发展不顾这样的事实:大城市是寄生于乡村的,乡村以某种方式供应食品、水、空气并降解巨大数量的废弃物。
>
> ——美国生态学家奥德姆(E. P. Odum)

第一节　生态城市的内涵

一、生态城市的概念

生态城市的概念是随着社会经济的发展,以及人们对人与自然关系的认识不断深化而提出来的,是城市生态理论发展的必然结果。它的提出不仅体现了人类谋求自身发展的理想,更重要的是体现了追求人与自然和谐发展的博大胸怀。作为一个全新的概念,人们对生态城市的认识还比较肤浅,当然也存在许多争论和不同认识。许多学者从不同的角度进行了分析,提出了各自的见解。

　　最早提出"生态城市"概念的是联合国教科文组织(UNESCO)，其在 1971 年提出的《人与生物圈计划》中将生态城市定义为："借鉴生态系统的运行方式，加强城市系统内部的循环与优化，实现物质与能量的高效利用，从而尽可能地节约资源与能源，减少对自然界的侵害。同时，充分利用与城市相依的自然力，创造可持续发展的、社会和谐的、经济高效的、生态良性循环的人类居住区形式，形成自然、城市与人融为有机整体的互惠共生的结构。"杨诺斯基(O. Yanitsky,1987)认为生态城市是一种理想模式，其中技术与自然充分融合，人的创造力和生产力得到最大限度的发挥，而居民的身心健康和环境质量得到最大限度的保护，物质、能量、信息高效利用，生态良性循环[73]。马世骏把生态城市定义为自然系统合理、经济系统有利、社会系统有效的城市复合生态系统(马世骏，王如松，1984)。美国生态学家理查德·瑞吉斯特(Richard Register,1987)则认为生态城市即生态健康的城市，是紧凑、充满活力、节能并与自然和谐共存的聚居地[74]。黄光宇(1992)[75]、王如松(1990)[76]、丁健(2005)[77]、黄肇义、杨东援(2001)等也对生态城市进行过不同角度的定义。

　　可以看出，不同学者从不同学科出发，研究角度不同，对生态城市的定义也有差异。总体来说，可以归纳为三类，即分别基于环境学、理想说和系统说的定义(表 3-1)。

表 3-1　生态城市的理解[78]

学说	主要观点	评　价	代　表
环境学	将生态城市简单化和现实化理解，强调生态保护、居民生活、历史文化、交通及特种多样性等单项要素的良性发展	初期，该观点占主要地位。现主要存在于实际工作部门，操作性和现实性较强，无法体现人与人、人与环境的协调关系，具有片面性和局限性	1984 年 MAB 提出的生态城市规划的五项原则；瑞吉斯特(1984)建设生态城市的原则；我国许多城市提出的"生态城市"建设目标

31

学说	主要观点	评　价	代　表
理想说	技术和自然充分融合、创造力和生产力最大限度发展、居民身心健康、环境最大限度保护的理想栖境	可以看做是生态城市的最终实现形式,可将其作为一种学术观点探讨,但目前的现实可操作性较差	原苏联杨诺斯基(1984)提出的"生态城市"的理性模式;我国学者丁健对生态城市的定义
系统说	认为生态城市是自然和谐、社会公平和经济高效的复合生态系统,强调三者之间的互惠共生和相互协调	既立足现实,又兼顾各种生态要素及其相互间的关系,被大多数人接受。是前两种观点的结合,也是目前理论研究的主要依据和立足点	瑞吉斯特后期的生态城市建设原则和定义;马世骏(1984)、王如松(1994)、宋永昌(1999)、黄光宇(1999)、黄肇义(2001)

　　生态城市是一个全新的概念,人们对它的认识还是非常肤浅的,存在各种各样的争论也在所难免,但是它的理论价值和现实意义已经得到较为广泛的认同,不管是学术界还是城市政府已经将生态城市作为一个热点进行研究和实践。随着社会经济的发展和进步,随着可持续发展观理念的深入,生态城市内涵的研究必将得到进一步的充实和丰富。

二、生态城市的特点

1. 和谐性

　　生态城市最基本的特征就是和谐,不仅指生态系统内部经济、社会与环境发展之间的和谐,也包括人与自然的和谐、人与人的和谐,同时还包括城市生态系统与外部其他生态系统之间的和谐。

2. 持续性

　　持续发展是生态城市的必要条件。生态城市的持续性表现在自然、社会和经济三个方面的持续发展,其中,自然持续发展是基础。

3.高效性

生态城市倡导"高产出、低排放、高效率、高循环"的生产方式，和以往的"高耗能、低效率、高污染、低循环"的生产方式完全不同。

4.系统性

基于生态学原理建立的生态城市，被认为是一个"经济—社会—自然"的复合生态系统，向下可以进一步分为各个子系统。

5.区域性

生态城市是一个高度脆弱性和高度依赖性的生态系统，和外部的系统有着密切的联系，是以一定区域为依托的城乡综合体，任何一个孤立的城市都无法实现正常运转。

6.多样性

多样性是生态系统的主要特征之一，也是一个生态系统稳定性的必然要求。生态城市的多样性包括生物多样性、文化多样性、景观多样性及功能多样性等。

第二节 生态城市——城市化发展的必然选择

澳大利亚学者唐顿认为，生态城市是治愈地球疾病的良药，包括了道德伦理和生态修复等一系列的计划；生态城市远远超出了可持续性的概念，可持续性仅仅是对于一个患有晚期重病的病人涂抹一些药膏，而生态城市则是对其彻底治愈[79]。

一、必要性

第二次世界大战后，世界政治局势稳定，经济得到了飞速增长，城市化进程也迅猛推进。人类在不断享受财富的同时也付出了沉重的代价,城市问题、生态灾难频频发生,地球第一次面临被城市文明毁灭的危险。

1. 城市问题

(1) 自然生态环境严重破坏。城市是人口高度集聚、人类活动高度集中、基础设施高度密集的地方,这些都在很大程度上扩大了自然灾害发生的频率和强度(如洪涝灾害)。同时,由于人类生产和生活活动需要大量能源,导致石油、煤炭、天然气等化学能源面临枯竭,地球内层被淘空,而核电站和水电站的大量建设,则诱发了危害更加严重的核电事故①和生态环境问题。

城市的经济结构、人口密度等也深深地影响着城市环境的变化。例如,由于城市规模的不断扩大,人口迅速增多,建筑物大量增加,导致水源供应出现不足,地下水开采过度,进而造成地面沉降,我国华北平原的许多城市即为典例②。

(2) 生物生境发生改变。由于城市化的影响,城市下垫面发生了很大改变,几乎全为不透水的混凝土地表组成,导致对太阳辐射及雨水吸收与自然生态系统大不一样,使得城市的气候、土壤、温度等特征与非城市地区产生很大的差异,形成了明显的"热岛"

---

① 近几十年来,随着核电站的建设和发展,核电站事故不断发生,且危害巨大。如:1957 年,英国温德斯凯尔核反应堆发生火灾,事故产生的放射性物质污染了英国全境,有 39 人患癌症死亡;1979 年,美国田纳西州浓缩铀外泄,1 000 人受伤;1986 年,前苏联切尔诺贝利核电站发生大爆炸,其放射性云团直抵西欧,造成约 8 000 人死于辐射导致的各种疾病,导致 20 多万 km^2 的土地受到污染,庄稼被全部掩埋,周围 7 000 m 内的树木都逐渐死亡,在日后长达半个世纪的时间里,10 km 范围以内不能耕作、放牧。

② 中国地质科学院水文地质环境地质研究所张兆吉的一项研究表明,由于多年的地下水超采,华北平原已经成为世界上最大的"漏斗区",包括浅层漏斗和深层漏斗在内的复合地下水漏斗,面积 73 288 km^2,占总面积的 52.6%。而人们为此付出的代价也是巨大的。据中国地质调查局 2008 年发表的《华北平原地面沉降调查与监测综合研究》,华北平原地面沉降所造成的直接经济损失达 404.42 亿元,间接经济损失 2 923.86 亿元,累计损失达 3 328.28 亿元。资料来源:华北平原被抽空 地下水超采造世界最大漏斗区 [EB/OL].(2011 - 11 - 03). http://news. ifeng. com/shendu/sdzb/detail_2011_11/03/10387419_0. shtml? _from_ralated.

效应和"干岛"效应。城市土壤的物理、化学性质也发生了改变。另外,工业"三废"的排放,使得城市的水、土壤受到污染。这一切都使生物的生存条件变得更加恶化。

（3）交通和居住拥挤。交通问题和居住问题是当今世界大多数城市面对的两大通病。特别是交通拥挤问题已成为许多城市特别是大城市所面临的一个突出问题。虽然城市道路面积不断增加,但是仍难以满足增速更快的城市机动车数量的增长需求,进而导致交通事故不断增加、交通堵塞现象不断发生。另外,在发展中国家的许多城市居住问题也很突出,表现为居住条件较差、环境质量恶劣、居住区与工业区交错混杂、居住条件日益恶化等问题。随着城市规模的扩大,人口增多,加之农村人口的大量流入,居住问题将进一步恶化。

（4）环境污染问题加剧。由于工业活动的高度集中、交通流量大,城市里烟尘、二氧化硫、一氧化碳、光化学烟雾等工业废气的污染日益严重,尤以烟尘和二氧化硫污染为重。由二氧化硫所产生的酸雨和酸雾,可对人体和生物产生很大的危害,对建筑物和金属器皿的表面也会形成腐蚀。城市的工业活动、生活行为以及交通运输等产生的噪声污染,则严重影响了人们的工作、学习甚至生活,噪声污染甚至已成为城市里投诉最多的污染。更为严重的是对整个地球乃至宇宙大环境产生影响,近些来出现的"北极冰融"现象、海平面上升现象、臭氧层缺失问题以及大气层高碳问题等都是很好的例证。

（5）城市垃圾堆积量大。城市垃圾包括城市生活垃圾、工业废渣和建筑废弃物等。随着城市化的加速发展和人们生活水平的提高,城市产生的垃圾也越来越多,并且严重影响了环境和人们的生活健康,主要表现在随意堆放、影响城市景观、占用城市土地面积。这些垃圾还可以随风或雨移动进而造成二次污染,影响地下水和土壤。

（6）水资源污染严重。虽然地球上 70％的面积被水包围，但是世界上很多国家的水资源都处于缺乏状态，尤其是我国许多地区面临着严重的缺水问题。其原因是水量缺乏，更重要的是水质污染，这和很多城市工业或生活废水不按规定而随意排放直接相关。据估计，我国 25％的城镇居民饮用着不合格的地下水。

2. 生态学原因

城市的生态环境问题已成为制约其持续发展的重大桎梏。许久以来，诸多学者从不同的角度出发，对城市问题的成因给出了多种多样的理论解释。如果从生态学的角度分析，将城市看做一个生态系统，城市问题的产生主要包括以下几个方面[80]：

（1）城市中物质流基本上是线形的，物流链很短，基本上是从资源到产品或废物。这导致在城市的生产和生活过程中，很多资源不能被充分地完全利用，相反以"三废"的形式排出，不但资源的利用效率低，而且大量排出的废物还造成了环境污染。

（2）城市中高度集中的生产、生活活动需要大量的能源支撑，且大部分是人工附加能源，又以矿物能源（煤炭和石油）为主。大量的、不可再生的矿物能源的使用，不仅加速了全球的能源枯竭危机，而且加大了环境污染。特别是发展中国家能源的低效使用在造成浪费的同时，使环境问题愈发严峻。

（3）城市中部门众多，部门分割，各自为政，各行其是，部门间缺乏自觉的相互合作。如，经常的道路"开膛破肚"现象，就是交通部门不与热电、下水、绿化等部门协调造成的。各个部门都只追求自己部门的最优，而没有考虑自然系统中"互利共生"的关系和"追求整体最适"的特点，其结果不但单个部门的"最优"没有实现，更不用说整体"最优"。

（4）城市发展短视，重视当前经济效益，多着眼于局部利益。由于目前政治体制政绩考核中重视经济发展的片面性，"宁可毒死，不能饿死"的执政思想大量存在，以水质受损、大气污染、土壤破坏等环境问题来换取经济发展的现象比比皆是。

（5）城市生态系统中的生产者和消费者的比例严重失调，结构倒置，导致其具有高度依赖性和高度脆弱性。在城市生态系统中，消费者远远超过生产者，大量的资源依靠外部供给，而产生的大量废物也远远不能靠自己消解，需要运到外部解决。

（6）城市人口密集，高楼林立，人们生活在相对封闭的有限空间内，而为追求舒适而增加的灯光、空调、车辆等等都进一步加大了人和自然的隔绝，也加大了对能源的消耗和对环境的污染。

综上所述，可以看出，城市问题的产生，在本质上是由于城市生态系统内部结构不合理、功能不完善等而导致的。正如不少专家所指出的，"城市病"的根源在于城市的结构不合理，进而城市中生产功能、生活功能等发挥不畅，导致城市中人与自然、人与人、精神与物质之间各种关系的失谐。长期的不协调，必然引致城市居民生活质量的下降乃至城市文明的倒退。因此，运用生态系统的观点来解决城市问题成为必然选择。当今，生态城市的理念和思想已得到大多数人的认可，生态城市建设成为解决城市人居问题的必由之路。

二、可行性

1. 理论实践支撑

自 1971 年首次提出生态城市以来，国内外学者分别从生态城市的内涵特征、指标体系、规划思路、基本框架等进行了研究，就生态城市设计原理、方法、技术和政策进行了理论和实践的探索[81]。历届国际生态城市学会为生态城市的理论和实践做出了巨大贡献。2002 年在深圳举行的第五届国际生态城市大会，更是提出了生态城市建设的标准，就生态城市的发展目标、建设原则、评价与管理方法都给予了明确说明[82]。这些理论为生态城市在全世界范围内的建设实践提供了理论支撑，使世界各地的生态城市建设迅速开展起来，并取得了明显成效。

2. 法律制度支撑

随着人们对城市环境问题严重性认识的不断加深，越来越多的国家和地区把生态城市建设作为一个非常重要的解决途径，一系列旨在保护环境及生态城市建设的法律法规制度应运而生。尤其是 20 世纪 70 年代末到 80 年代期间，许多国家乃至联合国各相关组织有关环境保护的法规建设有了很大突破和发展[83]。到目前为止，欧美等发达国家的环境保护法律体系已相当完备，为生态城市的建设打下了良好的制度环境①。

目前，我国有关城市生态建设与管理方面的法律和法规逐渐完善，主要有《中华人民共和国环境保护法》《中华人民共和国海洋环境保护法》《征收排污费暂行办法》《基本建设项目环境管理办法》《工业企业噪声卫生标准》《大气环境质量标准》《生活饮用水卫生标准》《城市区域环境噪声标准》等等。

3. 科学技术支撑

科技进步与发展，虽然会带来多种多样的环境问题，但是这些环境问题的解决最终还是需要通过科技进步来实现。特别是对我们国家来说，环境保护与治理投资有限，环境污染和生态破坏欠账较多，依靠科技进步尤为迫切。当今，随着人类科学技术的发展，许多环境问题迎刃而解或有希望而解。如，随着燃煤设备性能的改善和效率的提高，可以一定程度上解决由于燃煤而带来的大气污染问题；随着对清洁能源的研制和开发，可以一定程度上替代污染严重的化学能源；随着生产工艺的改进，也可以改善城市污染

---

① ［美］尼古拉斯·麦考罗，斯蒂文·G 曼德姆. 经济学与法律——从波斯纳到后现代主义[M]. 北京：法律出版社，2005：175. 所谓制度环境是指"一个基本的、政治上的、社会的和法律基本规则的集合，其将为生产、交换和分配提供基础"。

问题。

一方面工业化、现代化、信息化进程的推进,使得城市经济发展速度迅猛增加,社会财富更是以前所未有的速度增长,城市系统成为地球系统的重要子系统,决定着一个区域乃至一个国家的世界地位和前途。另一方面,城市发展伴生的城市问题更是影响到地球未来发展何去何从。因此,寻找科学的城市发展模式已成为当前各国政府、国际机构、学术团体共同面对的一项重要而紧迫的任务,生态城市成为人类理想化的追求目标。

城市作为典型的复合生态系统,其系统内部各组成成分间的协调关系、物质循环的再生性、能量传递的低消耗性、资源利用的最佳性以及人与自然协同共生性,都离不开城市生态系统的整体优化,并根据物质体系循环再生、生态系统协同共生和环境资源持续自生的原理来制定可持续发展战略。生态城市是人类的必然选择,也是唯一选择。

第三节　生态城市理论研究综述

一、国外研究

生态城市理论是随着城市生态学理论的发展而产生的。近 30 年来,生态城市理论研究从最初的保护环境发展到对社会、文化、历史、经济等因素的综合考察[84]。可以分为三个阶段:

1. 萌芽阶段——20 世纪前

早在古希腊和古埃及时期,城市建设就考虑了环境在选址、形态和布局中的作用[85]。文艺复兴时期,从"乌托邦"到"太阳城"一直到后来的"田园城市",都一定程度上反映了追求人与自然和谐的朴素的生态学思想,起到了重要的启蒙作用。尤其是霍华德的"田园城市理论"被认为是现代生态城市思想的起源[86]。

2. 形成阶段——20世纪初到20世纪70年代末

20世纪初有学者将生态学思想运用到解决城市问题中,奠定了生态城市理论研究的基础。1945年,美国芝加哥学派的学者创建了以城市为研究对象的城市生态学。派克(R. E. Park,1952)的《城市与人类生态学》运用生物群落的观点研究城市环境,完善了城市与人类生态学研究的思想体系。1971年联合国教科文组织开展了城市与人类生态的研究课题,1975年创办《城市生态学》杂志。同年,瑞吉斯特成立了城市生态组织,创办《城市生态学家》杂志。1977年,贝利(B. J. L. Berry)编著的《当代城市生态学》的出版,奠定了城市生态学的研究基础。至此,生态城市学理论框架基本形成[87]。

3. 发展阶段——20世纪80年代以来

20世纪80年代以来,很多学者从不同角度对生态城市进行了更加深入的研究。

在生态城市的建立原则方面,1984年,联合国教科文组织提出了生态城市规划的五项原则;瑞吉斯特于1984年、1987年、1996年分别提出了生态城市建设的四项原则[88]、八项原则[89]和十项原则[90]。这些原则奠定了生态城市理论发展的基础[91]。

在生态城市的规划设计方面,杨诺斯基于1987年阐述了生态城市的设计与实施阶段[92];1993年,德明斯克(T. Dominski)提出了生态城市演进的三步走模式[93];同年,约瑟夫·史密斯(Joseph Smyth)提出了生态城市建设的八项规划设计原则;大卫·恩维慈(David Engwich)提出了重建生态城市的十条方针。这些原则或方针进一步丰富了生态城市的设计思想。同时,在这一时期,举行的各届国际生态城市学术研讨会也对生态城市理论的发展起到了很大的推动作用。

二、国内研究

我国早在古代城市建设中,已有"天人合一"的生态思想萌芽。《管子·乘马》指出在城市选址时,应"因天时,就地利",体现了趋利避害、注重与自然协调的生态理念。我国现代生态城市的研究正式起步于 20 世纪 70 年代。1972 年,我国参加了联合国 MAB 计划的行动。1979 年,成立了中国生态学会[94]。1984 年,中国生态学会城市生态学专业委员会成立,标志着城市生态研究工作的开始[95]。1987 年召开的"城市及城郊生态研究及其在城市规划发展中的应用"国际学术讨论会,标志着我国的城市生态学研究进入了一个蓬勃发展的时期。1988 年,我国第一本关于城市生态与环境的杂志《城市生态与城市环境》正式发行[96]。

学者们从不同角度对生态城市理论和实践进行了积极的探索。1984 年,马世骏提出城市是一个以人类与环境关系为主导的"社会—经济—自然"复合生态系统的著名论断[97],为城市生态环境问题的研究奠定了理论和方法基础。1988 年,王如松出版《高效和谐——城市生态调控原则与方法》一书[98]。1990 年,钱学森提出具有中国特色的"山水城市"的设想。1992 年,黄光宇提出生态城市的衡量标准[99]。1994 年,王如松和欧阳志云提出"天城合一"的中国生态城市思想以及生态城市建设的控制论原理和原则[100]。2002 年,董宪军系统地论述了生态城市的理论体系[101]。

国内的许多学者对生态城市建立指标体系进行了一系列的定量化研究,主要分为两大类:一是从城市生态系统的组成方面,对经济、社会和自然各子系统建立指标体系[102-106];一是从生态系统的结构、功能和协调度等角度建立指标体系。如 2003 年国家环境保护总局颁布的《生态县、生态市、生态省建设指标(试行)》、张坤民等人的《生态城市评估与指标体系》。

在生态城市的规划建设方面,黄光宇和陈勇(2002)的《生态城市理论与规划设计方法》是我国第一部全面阐述生态城市理论和规划设计方法的专著[94];杨志峰等人(2002)的《城市生态可持续发展规划》,强调了 RS 与 GIS 等在生态规划方面的应用[107]。

综观国内外学者对生态城市的研究,在许多学者的努力下取得了很大成就;而各国的实际情况不一,导致其研究角度和思路存在较大差异。国外的研究,理论联系实践,实践性更强,其规划设计的理念和思路比较具体,与城市实际问题结合得比较紧密;国内则结合我国国情,目的性较强,一般由政府制定政策,自上而下地进行生态城市的规划和建设。

另一方面,生态城市的实际工作相对于其理论体系来说还有很大差距,也就是说,生态城市理论对目前城市规划和建设的指导和影响还不够深远。应进一步加强生态城市理论研究的系统性和整体性,尤其是其实践工作的案例研究。

第四节　生态城市的发展历程

> 从《易经》《道德经》到康有为的《大同书》,从《太阳城》《田园城市》到道萨迪亚斯(Constantinos Apostolos Doxiadis)的人类聚居学,人类从来没有停止过对理想生活与住所的积极探索与追求。
>
> ——黄光宇等

城市规划和建设中的生态学思想源远流长,在几千年以前的城市建设中就已经有了人与自然、人与人和谐共存的生态思想的萌芽。而生态学思想在城市规划和建设实践中的应用,起源于 20 世纪 70 年代中期,特别是生态城市的概念正式提出以后,以生态学为指导的城市规划理论框架才得以正式确立,并应用于实践过程中①。

一、国外生态城市发展过程

自 1971 年生态城市的概念提出后,生态城市建设就在全世界范围内得到了大量的实证研究和实践探索。目前,国外已有不少城市取得了建设生态城市的良好经验。美国、巴西、澳大利亚、新西兰、新加坡和日本等国家进行了大量生态城市建设的实践,取得了不少成效,为其他国家的生态城市建设提供了很好的范例。

1992 年美国在加州伯克莱实施了生态城市计划,在全球产生了广泛影响。新加坡经过几十年努力,已建设成为全球闻名的花园城市和生态型城市[108]。澳大利亚的哈里法克斯生态城项目,包括社区和建筑的物质循环规划、社会与经济结构,提出了"社区驱动"的生态开发模式;怀阿拉市则融合可持续发展的各种技术以解决其能源与资源问题[109]。巴西库里蒂巴市的公交导向式的交通模式与垃圾循环回收项目、能源保护项目成为生态城市建设的典范。日本九州市从 20 世纪 90 年代初开始生态城市建设,提出了"通过不同产业间联合,把废弃物转变为原料,无废弃物"的构想[110]。德国埃尔朗根市采取节地、节能、节水等多种措施,修复生态系统,进行了综合生态规划。此外印度的班加罗尔,巴西的桑托斯,意大利的罗马,美国的华盛顿、克利夫兰和波特兰大都市区,俄罗斯的莫斯科,澳大利亚的悉尼、堪培拉等城市都不同程度上进行了生态城市规划与建设的实践活动[111-115]。当前生态城市理念已经被广泛引入大城市的发展建设中,东京、伦敦、新加坡、香港、汉

---

① 本书所指的生态城市的建设实践,并不是对已经存在的生态城市的实践经验进行总结(因为到目前为止尚不存在真正意义上的生态城市),而主要是叙述和总结以生态城市为目标的城市建设实验和实践过程。即使有些城市并未明确提出建设生态城市,但只要这些城市的实践活动对生态城市建设具有积极的、可借鉴的意义,本书依然把这些活动作为生态城市建设实践来对待。

城等近年来纷纷开始了生态城市的规划和建设活动[116]。

到目前为止,生态城市基本上已形成了相对系统和完善的理论体系,但是关于生态城市的实践还远远不够。从严格意义上看,以上城市算不上生态城市,只是具备了生态城市的某一部分特征。但是,生态城市实践的行为具有现实意义。

二、中国生态城市建设的发展历程

我国生态城市实践建设的全面推进开始于 2003 年,但有关生态城市的理论研究和城市生态环境治理的探索则可以追溯到 20 世纪 70 年代。根据其发展特点,可以划分为以下三个阶段[117]。

1. 认识深化与理论摸索阶段——1971—1988 年

在我国城市化的快速发展过程中,城市发展与生态环境以及与人的发展之间的矛盾越来越明显,主要表现为:第一,人口高度集聚产生了日益严重的资源耗竭、环境污染、用地紧张、住房短缺、供水不足、基础设施滞后等问题;第二,严重的交通拥堵以及由此带来出行成本增加、安全、能耗与环境污染等问题;第三,快速城市化给水资源、土地资源、生物资源、矿产与能源等供给造成了巨大压力;第四,伴随着城市化过程出现水环境污染、温室效应、酸雨危害、空气污染、垃圾随意堆放、有害废弃物扩散、噪声污染等污染问题;第五,不科学的城市规划和建设使城市历史文化和地方特色渐渐遗失等。

20 世纪 70 年代,我国的城市化水平还很低,城市化过程中的生态环境问题仍不明显,但我国积极参与了联合国的"人与生物圈"(MAB)研究计划,并被选为理事国。1978 年,城市生态环境问题研究被正式列入国家科技长远发展计划,许多学科开始从不同角度研究城市生态学,在理论方面进行了有益的探索。同年,建立了中国 MAB 研究委员会。1982 年,举行了第一次城市发展战略会议,提出"重视城市问题,发展城市科学"的新主张,并把北京和天津的城市生态系统研究列入国家"六五"计划重点科技攻关项目。1984 年,在上海举行的"首届全国城市生态学研讨会",是中国城市生态学研究领域的一个里程碑。同年,成立中国生态学会城市生态专业委员会,为推进中国城市生态学研究的进一步开展和国际交流开创了广阔的前景。1988 年,江西省宜春市进行生态城市建设试点,开启了我国生态城市建设的探索之旅。

2. 城市生态环境整治阶段——1988—1999 年

我国生态城市建设实践开始于对城市具体生态环境问题的整治。1988 年 7 月,国务院环境保护委员会颁布的《关于城市环境综合整治定量考核的决定》,提出"当前我国城市的环境污染仍很严重,影响经济发展和人民生活。为了推动城市环境综合整治的深入发展……使城市环境保护工作逐步由定性管理转向定量管理",将城市环境的综合整治纳入城市政府的"重要职责",实行市长负责制并作为政绩考核的重要内容,并制定包括大气环境保护、水环境保护、噪声控制、固体废弃物处置和绿化等五个方面在内的共 20 项具体指标进行考核。因此,"城市环境综合整治考核"可作为我国城市建设思想发生转变的开始,标志着我国开始认识到污染防治以及生态环境建设对城市发展的重要作用。

为了更好地提升城市生态环境保护水平,又从单纯的环境问题整治提升到城市生态环境建设的综合高度。"九五"期间,我国提出了城市环境保护"要建成若干个经济快速发展、环境清洁优美、生态良性循环的示范城市,大多数城市的环境质量基本适应小康生活水平的要求"。国家环境保护总局于 1997 年开始创建国家环境保护模范城市,先后有 30 多个城市获此殊荣,为全面推进生态城市建设打下了良好基础。

3. 生态城市建设全面推进阶段——2000 年至今

2000 年,国务院颁发了《全国生态环境保护纲要》,明确提出要大力推进生态省、生态市、生态县等的建设。2003 年 5 月,国家环境保护总局发布了《生态县、市、省建设指标(试行)》,作为生态城市建设的纲领性文件,明确了生态城市的评价标准。2006 年,先后制定了《全国生态县、生态市创建工作考核方案(试行)》和《国家生态县、生态市考核验收程序》,对生态城市的建设、验收、评价、考核等工作提供了具体的考查标准和有力的政策指导。2008 年 1 月又进行了修订,以期在实践工作中更具指导性和操作性。

专栏 3-1　生态城市案例:珠海市

珠海市自建设之时就提出了"以人为本""环境优先"的城市规划指导方针,以营造优美的生态环境为目标,并坚持高标准的城市基础设施建设,在此基础上发展经济。珠海市规定,沿海、河边 80 m 之内不准修建筑物,而只能建景观路;山体等高线 25 m 内不能建商业和住宅建筑;城市用地人口密度不能超过 8 000 人/km²;每个城区段,高层建筑不能超过区域总面积的 25%,多层建筑不超过 28%;留出部分预留地以备将来之用。珠海市还特别注重城市绿化,规定任何一块建筑用地,都必须保证不少于 35% 的绿化用地。目前,全市 5 万多 hm² 的山地绿化覆盖率达到 98%,在已建成的 56 km² 的城区内,绿化覆盖率为 43%,城市生活垃圾无害化处理率 100%,烟尘控制区覆盖率 100%。城市大气、水、噪声均符合国家标准的要求。蓝天、碧水的绿色家园,空气清新,风景宜人,一个立体的自然生态保护格局已形成。1998 年珠海被联合国人居中心授予"国际改善人居环境最佳行动奖"。

自此,生态城市建设在全国全面展开。截至 2008 年 11 月,全国已经有海南等 13 个省区提出了建设生态省的奋斗目标,有 150 多个城市编写了生态城市规划,开展生态城市建设。国内生态城市建设已初步形成以各级行政区域为主体的梯级体系,呈点、线、面相结合,齐头并进的建设格局。

小　　结

1992 年联合国环境与发展大会之后,在可持续发展理论和实践热潮的推动下,"生态城市"得到了世界各国的广泛关注和接受,它使人类看到了未来的希望。

到目前为止,广大学者和相关政府机构对生态城市的理论研究和实践活动已取得了显著成就。生态城市建设的相关规则和规划框架逐渐完备,构建了很多成功的生态城市建设模式。当代社会还为生态城市的建设提供了必要的物质支持和科技、法规方面的支撑。

人们已逐渐认识到建设"生态城市"是人类经过长期反思后的理性选择,"生态城市"是人类发展的必然选择,是未来城市发展的方向。

第四章 基于生态城市的城市最优规模理论

如果我们确实理解了问题,答案就会很快破土而出,因为答案与问题并不是截然分开的。

——克里希那穆提(Krishnamurti)

第一节 城市最优规模的影响因素

城市规模是一个动态发展的变化过程,其发展受到诸多变量的影响,既有城市生态系统内部的状态变量,又有生态系统外部的环境控制参量。

一、城市系统内部状态变量

1. 行政治理变量

范芝芬(1996)认为:与许多西方国家不同,规模和集聚经济不是中国城市规模增长的主要因素,制度因素才是解释和理解中国城市规模分布与城市规模增长的关键因素,行政辖区的变化和城市行政级别的改变才是导致城市规模增长的显著因素[64]。

有时为了实现特定的目标,中央政府会在某些城市的发展过程中给予一些特殊的非市场手段进行扶持,如赋予外贸经营特许权、特殊人才引进优惠、土地使用优惠等政策,这些都有可能促使城市规模迅速扩大。深圳在短短 30 多年的时间里由一个小镇迅速崛起为一个特大城市,就是一个很好的例证。

2. 经济产业变量

经济实力是城市规模的内容之一,也是其进一步扩大的基础。制约城市规模发展的各种因素,说到底就是经济实力的制约。城市的经济实力足够强,制约因素也就可以化解。如香港填海造地、上海浦东开发(修建跨越黄浦江的多座大桥和江底隧道),都为城市规模的进一步扩大开辟了新的空间。但是很难想象,如果没有一定的财力支撑这些工程能怎样实施。经济实力由劳动力创造,因此,一个城市的经济实力越强,要求的劳动力人口就越多,所需的人口规模也越大。

在经济发展水平一定的情况下,产业结构也是影响人口规模的一个重要因素。具有同样经济实力、不同产业结构的城市,其人口规模可能存在明显差异,如以劳动密集型产业为主的城市比以资本、技术密集产业为主的城市人口规模大。

3. 规划干预变量

城市规模的发展很大程度上受城市规划的指导和控制,在我国更为严格。城市规划体现的是政府行为和意志。政府可以依据各自城市的特点,通过编制城市规划确立城市的战略定位和发展目标,进而确定城市的人口规模。如为了文物古迹得到更好的保护,《中华人民共和国城乡规划法》中对历史文化名城的人口规划有比较严格的限制。

4. 科学技术变量

科学技术对城市规模的影响表现在,可以改变原有对城市规模进一步发展的某些限制因素。通过科技进步，可以进一步拓展城市的地上和地下空间，突破城市的用地限制，改善交通技术，实现资源更加自由的流动，解决资源的短缺问题，进而扩大城市对人口的承载能力。但是，另一方面，科技进步将提高劳动生产率，降低用工数量需求，从而抑制城市规模的扩大。

5. 社会转型变量

随着户籍政策的逐步放开和住房制度的改革，人具有了选择的自主权。特别是农村剩余劳动力大量增多，更多的人为了寻求更好的发展而到大城市寻找机会，这对城市规模产生很大影响。北京 2009 年底常住人口总数为 1 972 万人，提前 10 年实现《北京城市总体规划（2004—2020 年）》人口总量控制目标，其中，居住半年以上的流动人口为 726.4 万人，占 41.2%。

二、城市系统外部环境控制参量

1. 地质地理参量

地理因素是影响城市规模的一个基本因素。城市一般选址在地形平坦、气候适宜的地区（如四大文明古国的发源地都位于温带的河流流域）。特别是规模较大的城市一般都处在地形起伏较小的地区。地处山区和半山区的城市，规模的进一步扩大必然受限，不仅土地开发的成本加大，还有可能破坏生态环境。地震断裂带的位置也会影响城市选址和城市规模的进一步发展，河北唐山（1976 年）和四川北川县城镇（2008 年）遭遇大地震后，城市再建设过程中都有一定程度的搬迁。

2. 自然资源参量

这里的自然资源主要是指与城市生存和发展直接相关的自然资源，主要包括水资源和矿产资源等。

水资源对城市规模的影响明显，在干旱、半干旱地区甚至决定着城市的生死存亡,楼兰古国的消失就是由于水资源的缺乏所导致。即使在水资源丰沛的地区,也有可能由于水污染而导致水资源可利用总量的减少,进而限制城市规模进一步扩大,如深圳、广州等城市①。我国北方许多城市规模的进一步扩大受到了水资源不足的影响,求助于远距离调水。

矿产资源的储量、开采条件和开采规模等要素都能直接影响到一个城市的产生、发展乃至城市规模的大小,如甘肃的金昌和新疆的克拉玛依等由于矿产资源开发而兴起,其规模的进一步发展也直接受到资源储量的制约。

3. 重大项目参量

重大事件是城市规模扩大的突发因素。它不仅可以直接引起城市规模的变化,而且还可以通过生产上的联系和生活上的需求刺激城市规模进一步改变②。研究显示,70%的城市项目目标是直接促进经济发展与振兴[118]。奥运会、洲际运动会、各种级别的博览会或者大型的文化庆典活动等常常对所在城市的经济、社会、旅游乃至文化等产生一定的影响,有时甚至对城市的发展起着重要作用。

4. 区域交通参量

现代城市发展越来越依赖于和外界的联系,因而对外交通成为影响城市规模发展的一个重要因素。有的小城市,由于交通环境的改善而发展成为大城市,如石家庄、郑州等。相反,由于交通环境变差导致城市经济衰退、人口增长缓慢的城市也不在少数,保定和开封由于在新的交通网络中不再是交通枢纽,而由省会城

---

① 广东 21 地级市半数水资源紧张 珠三角水多人更多[EB/OL]. (2010-07-30). http://news.sohu.com/20100730/n273873751.shtml.

② 丹江口水利枢纽是新中国第一个大型综合水利工程,兴建于 1958 年,竣工于 1973 年。位于大坝下游的丹江口市的城市建设伴随着工程建设的时段演进,城市人口的变化也呈现出"繁荣、萎缩、相对平稳"的发展态势。

市降为普通城市；京杭大运河沿岸的城市临清、扬州、镇江和聊城等，也因运河的停运和铁路的兴起而经历了兴衰的过程①。

5. 宏观政策参量

宏观政策，尤其是人口政策直接影响到城市规模的发展。我国从 20 世纪 70 年代推行计划生育政策，尤其是城市更为严格，导致城市自然增长率一直偏低，一些城市（如上海）甚至出现了负增长。

综上所述，城市规模受城市系统内部状态变量和外部环境控制参量的共同影响、共同制约。系统内部状态变量决定了城市规模发展的基本走向，外部环境参量则对其进行了一定程度的修正。

第二节　基于生态城市的城市最优规模理论

从生态学的意义上讲，城市从开始产生就注定是不可持续的，因为城市必须消耗比生产多得多的食物、能量和原料，其所产生的废物远远超过本身能处理的范围，而且城市还在迅速地改变着所在地的生态平衡。城市的人口密度越大，可持续性就越小。即使我们将城市的范围扩展到包括其腹地在内，也不能认为它们具有潜在的生态可持续性。

自 20 世纪 70 年代以来，人们开始用可持续的理念来建设城

---

① 临清、扬州、镇江和聊城是古代位于京杭大运河的著名商城，在当时盛极一时。近代以后，随着轮船航运的兴起和大运河交通的没落，这些城市逐渐丧失了传统交通地理的优势。20 世纪后，铁路的开通更进一步取代了大运河的运输功能，也加速了大运河沿岸城市的衰落。到 20 世纪 20 年代，临清已经衰落，"西门内三两人家，已不成街市，北门之内则白骨如莽，瓦砾苍凉，过其地不胜今昔之感"。近年来，随着"京九"铁路的开通，"京九线"上的聊城发展速度有了明显的提升。

市、发展城市。但是,可持续发展理论只是暗示了一种充满睿智的框架,却没有给出任何可实际操作的行动步骤。人们试图通过废弃物回收、降低能耗、限制私人汽车的使用、减少开发项目等一些小尺度上的做法来修复环境,解决城市问题,然而最后却发现是"治标"而不是"治本"。原因在哪里? 问题在于我们做的所谓"可持续行动",并没有停止对地球基本资源的掠夺,而是通过减轻其消极后果使人类掠夺的工业生产模式和生活得以延续。其根本原因在于,人类错误地低估了所面对问题的复杂程度和系统范围。换言之,人类面对的问题主要是宏观生态学问题,即地球复合生态系统的整合功能问题①。

同许多城市学家和环境保护者的认识相反,生态学家认为城市面临的主要问题不是缺乏干净的空气和水,不是濒危物种或环境污染,不是能源枯竭,更不是城市交通拥挤和住房紧张;显然,这些问题哪一个也不是可以单独解决的。这些问题盘根错节、相互关联,是必须解决的,但却不是最根本的。根本问题在于人类环境的关联结构——城市。建设一个协调发展的城市——让各自独立的组分和谐地一起工作——是减缓或解决单个发展问题的必要条件。分开解决单个问题只能使人类陷入一个更大的环境破坏的恶性循环中去②。

自从 20 世纪 60 年代以来,西方城市理论学者就开始采用系统的观念来研究城市的关系。他们认为:要了解一个城市的变化——成长、停止或衰退,必须把它看成是一个更大的系统的一个组成部分,而不是仅仅局限于研究城市的本身[119]。

从生态城市的角度讲,城市是一个复合的、外向的巨系统,也是上述思想的体现。因此,基于这个角度研究城市的最优规模,

---

①　Thomas Berry. The ecozoic era[J]. 科学哲学研究,2011(9).

②　Kenneth Schneider. On the nature of cities[M]. San Francisco:Jossey-Bass Publishers,1979.

必须从以下两个方面入手：首先，应该把城市看成一个系统的、由多个组分构成的复合系统，这些组分相互影响、相互联系，它们都对城市规模的发展产生影响和制约作用。其次，城市这个系统不是孤立的点，是处于更大系统中的子系统，和其他子系统有着千丝万缕的关系；城市影响着系统外部的环境，同时，系统外部环境也影响着城市，影响着城市规模的发展。也就是说，任何一个城市的规模都是由城市系统内部要素和系统外部环境共同决定的。

第三节　基于生态系统内部组分的城市最优规模理论

一、城市生态系统

生态系统是指一定地域范围内的生物有机体（包括植物、动物和微生物等）及其周围的无生命环境（包括空气、水、土壤等）所组成的统一体。城市具有生态系统的一般特征，既包括生物有机体（动物、植物、微生物和人类等），又包括围绕着它们的空气、水、土壤等无机环境；同时城市也具有一般生态系统的物质循环、能量流动和信息传递等功能。因此说，城市是一种生态系统，一种陆生生态系统。

1. 城市生态系统结构

城市生态系统的结构是指城市生态系统内各组成成分的数量、质量及其空间格局。它包括城市人口、无机的物理环境（大气、水文、土壤、城市建筑和交通等）和有机的生物环境（植物、动物和微生物等）。

城市生态系统是"由人类社会、经济和自然三个子系统等构成的复合生态系统,是在原来的自然生态系统的基础上,增加了社会和经济两个系统所组成的复合生态系统"(王如松,1988)(图 4-1)[98]。各子系统又分为不同层次的次级子系统。各个子系统之间通过一定的形态结构和营养结构相互联系,组成城市生态系统。

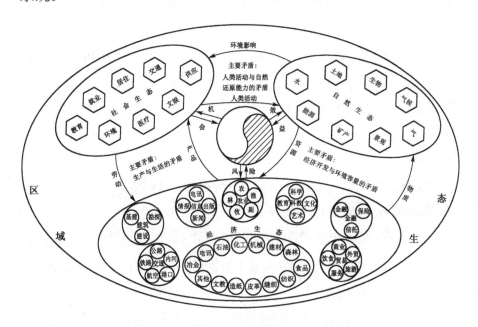

图 4-1　城市复合生态系统结构功能示意图

城市社会生态系统包括城市居民社会、经济及文化活动的各个方面,主要表现为人与人之间、个人与集体(各种团体与组织)之间以及集体与集体之间的各种关系。

城市经济生态系统以资源、物质和能量的流动为核心,包括各个经济产业部门,体现为生产、分配、流通和消费的各个环节。

城市自然生态系统,即人们生存的基本物质环境,包括太阳、空气、淡水、林草、土壤、生物、气候、矿藏及自然景观等。

2. 城市生态系统功能

城市生态系统功能即系统内部以及系统与外界间能够进行物质(包括人)、能量和信息等交换的能力,表现为物质流、能流和信息流。

(1) 物质流

城市生态系统的物质流是指城市系统内、外部进行的各种物质和人员的流动。具体可分为以下四类[120]:

人口流:是一种特殊的物质流,就是指人口在不同时间、空间状态上的变化。时间变化是指人口数量的增长(包括自然增长和机械增长),空间状态的变化是指人口在城市内部与外部的交通流动。

劳力流:是特殊的人口流,是指劳动力在不同时间、空间状态上的变化。时间变化是指由于就业、退休等导致劳动力数量的变动,空间变化是指劳动力在不同地区就业部门的分布情况。

智力流:是特殊的劳力流,指智力资源在不同时、空的分布情况。前者是指城市智力(即人才)结构的时间变化过程,后者是指智力在不同空间的变动。

货物流:是指除人以外的物质流动,其流动过程非常复杂,不仅仅包括输入和输出等简单的位移过程,还包括经生产(形态、功能变化)、消耗、累积和排放废弃物等的生产和消费过程。

(2) 能流

能流就是指城市生态系统中能量的输入和输出过程。其中,输入又可以分为两部分,即自然能部分(太阳能、风能、水力、地热能等)和附加的辅助能(如化石燃料和食品等)。进入城市的这些能量一部分以热能或化学能的形式累积,另一部分则以热、声、光、电以及化学能的形式输出城市系统外。

城市生态系统的能量流动与自然生态系统一样,遵循以下规律:①遵守热力学第一和第二定律,在流动的过程中具有单向性,即不断有损耗,不能构成循环;②除部分热损耗是由辐射传输外,其余的能量都是由物质携带的,能流的特点体现在物质流中。但是能量每流过一个能级时,并不都服从所谓的"10％定律"①。

(3) 信息流

城市的输出物中,除了物质产品和废弃物外,还包括精神产品,这就要靠信息流动完成。城市非常重要的一个作用就是把输入的分散的、无序的信息,输出为经过加工的、集中的、有序的信息。尤其是对于政治中心、文化中心、科学中心和商业中心城市来说,更为重要。

信息流也是附着于物质流中的,报纸、广告、电台和收音机、电视台和电视机、书刊杂志、电话、信件等都是信息的物质载体。此外,人的各种社会活动,如集会、交谈、讲课、表演等,也在交流信息。可以说,信息流量的多少反映了城市的发展水平和现代化程度。

3. 城市生态系统特征

城市生态系统是在人类的长期发展过程中被人为改变了结构组成和物质循环以及部分能量转化的以人占主体地位的人工生态系统。与自然生态系统(森林、草原等)或半自然生态系统(农田等)相比,城市生态系统具有独特的特征(图4-2),主要表现在以下几方面:

(1) 城市生态系统是人类占主导地位的生态系统。城市生态系统是人类在改造自然的基础上,通过其劳动和智慧创造出来的,人工控制对该系统的产生和发展起着决定性的作用。在城市生态系统中,人既是生产者又是消费者。生产者表现在:城市的绝大多数设施都是人创造的,城市生态系统的结构、规模和性质由人们根

---

① 10％定律即林德曼效率,又称十分之一定律,能量沿营养级的移动逐级变小,后一营养级只能是前一营养级能量的十分之一左右。

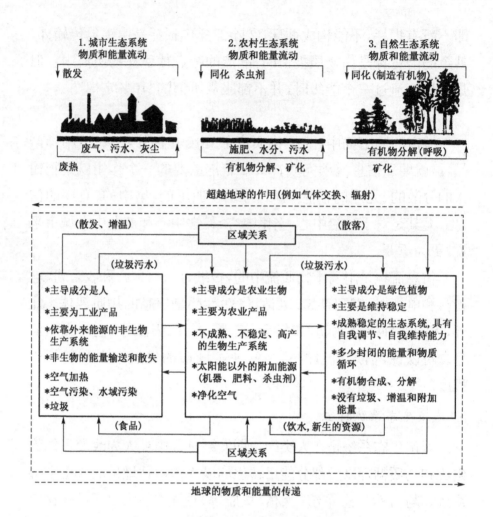

图 4-2 城市生态系统与其他生态系统的比较[80]

据自己的需求和意愿而建造;同时,人类具有自身再生产的繁衍能力,其生命活动也是生态系统中能流、物质流、信息流的组成部分之一。人类处在城市生态系统中营养倒金字塔的顶端,消耗了城市生态系统中绝大多数的物质和能量,是该系统的主要消费者。人类在城市生态系统中既是调节者,也是被调节者。作为城市生态系统的主宰者,人类根据自己的需要建造了城市的现状,同时也决定和引导着城市未来的发展方向;城市又通过整个生态系统的效应反馈于人类,影响和制约着城市和人类的进一步发展。

（2）城市生态系统是高度依赖性的生态系统。在城市生态系统中,作为生产者的植物不仅数量少,而且其作用也发生了改变,由向生态系统提供能量和食物变为美化景观、消除污染和净化空气等。植物的生产量远远不能满足当地消费者粮食的需要,必须从外部的生态系统大量输入。同时,城市生态系统中消费者占据主导优势,消费者生物量远远超过第一性初级生产者(植物)的生物量,而消费者又以人类占主导优势。生物量结构呈倒金字塔形(图4-3),仅靠生态系统内部自我提供的能量远远不够,需要大量从城市生态系统外部输入。因此,城市生态系统需要大规模的运输以提供所必需的能量和物质,对生态系统外部环境具有极大的依赖性。

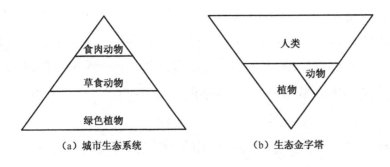

图4-3　城市生态系统与生态金字塔比较[80]

（3）城市生态系统是高度脆弱性的生态系统。城市生态系统和自然生态系统相比,物质循环基本上是单向的、线性的,而不是可循环的、环状的,在线性流动中有大量的资源浪费,资源利用效率低。城市生态系统中微生物稀少,导致系统内分解功能不完全,大量的物质能源常以废物形式输出,造成严重的环境污染。同时,城市生态系统的自我调节和维持能力很弱,当受到系统外界的干扰时,只有依靠人为的外力干预来抗衡。而且这种干预能力极其有限,当人类外力干预方式不科学时,极有可能造成更大的生态破坏。

（4）城市生态系统是受社会、经济等多种因素制约影响的生态系统。人作为城市生态系统的核心,既有作为生物学上的人的特征,又有作为社会学上的人和经济学上的人的特征。因此,人的许多活动服从于生物学规律,而人的活动和行为准则又是由社会生产力和生产关系以及与之相联系的上层建筑所决定的。

二、基于城市生态系统内部的最优规模

以往的城市最优规模的研究,不管采用最小成本法还是集聚效益法,都仅仅考虑了城市的经济效益,这是远远不够的,也是不科学的。虽然当今世界,经济发展仍是城市发展最重要的主题,但是由经济发展诱发的环境和社会问题不容忽视。仅仅考虑经济效益的城市发展是不合理的,也是不可持续的。

城市是由经济子系统、社会子系统和环境子系统三个子系统共同组成的"经济—社会—环境"复合生态系统,在这个大系统中,三个子系统相互影响、相互作用、相互制约,缺一不可。因此,城市生态系统的平衡就是三个子系统的动态平衡,城市生态系统的最优也应该是三个子系统综合效益的最优。

根据城市最优规模理论,城市最优规模即是城市效益最大时对应的城市人口数量,也就是城市经济效益、社会效益和环境效益等综合效益最大时所对应的城市人口数量,而城市适度规模即是城市综合效益为正值时的城市人口数量。

第四节 基于生态系统外部环境的城市最优规模理论

基于生态城市系统外部环境分析的城市最优规模的思路是:研究分析城市生态系统的外部环境对城市规模发展的影响。在分析系统外部环境时,把城市看做一个节点,把城市所在的城市网络

体系看做其系统外部环境。这里的城市网络体系和传统的城市等级体系不同。

一、城市体系概述

城市体系这一术语是 1964 年法国学者贝利在《体系之城市》的论文中首次提出的,但是城市体系的观点已由格拉斯(Grass,1922)、克里斯泰勒(Christaller,1933)、廖什(Losch,1937)、哈里斯和厄尔曼(Harris & Uiiman,1945)、邓肯(Duncan,1960)等在之前做过一系列论述。

1. 城市体系理论

城市体系理论是地理学的研究领域,主要阐述各个城市在地理空间上的分布情况,将城市体系作为一种自组织形态,以数学关系研究其存在和发展,但是对内部机制没有进行探究。总体而言,关于城市体系分布主要分为两大类:一是研究城市规模分布的理论,包括城市首位率、城市金字塔、位序—规模法;二是研究城市空间分布的理论,包括中心地理论和"核心—边缘"理论两大类。

（1）城市首位率(law of the primate city)

城市首位率理论是 1939 年马克·杰斐逊(Mark Jefferson)提出的,是对一个国家城市规模分布规律的概括。杰斐逊提出城市首位度的概念,即一个国家最大城市与第二位城市人口的比值,因此,首位率也成为衡量城市规模分布状况的常用指标。此后,一些学者对首位率"两城市指数"进行改进,提出"四城市指数"和"十一城市指数"。后两者和"两城市指数"相比更加全面,但它们都是对一个国家最大城市与其他城市比例关系的描述,统称为首位率指数。

（2）城市金字塔理论

城市金字塔理论是对一个国家或区域中城市不同等级规模数

量的描述总结,即:城市规模越大的城市数目越少,城市规模越小的城市数目越多;如果用图示表达出来,就是城市等级规模金字塔,塔底是众多的小城市,塔顶是一个或者几个大城市。但是城市金字塔结构并不都是形成"头轻脚重"的金字塔,城市数目随城市规模等级也不一定呈有规律的递变。城市金字塔理论提供了一种分析城市规模的简便方法,而采用这种方法时,等级的划分标准非常重要。

(3) 位序—规模法(rank-size rule)

位序—规模法是从城市规模和城市规模位序的关系来考察一个城市体系规模分布的理论。最早由奥尔巴克(F. Auerbach)于1913年提出,其规律为:

$$P_i R_i = K \qquad (式4-1)$$

其中:P_i——一国城市按人口规模从大到小排序的第 i 位城市的人口数;

R_i——第 i 位城市的位序;

K——常数。

此后,罗特卡(A. J. Lotka)、辛格(H. W. Singer)和捷夫(G. K. Zipf)分别对其进行了修正,进一步完善了该理论。

(4) 中心地理论(central place theory)

中心地理论由克里斯泰勒和廖什分别于1933年和1940年提出,认为中心地存在等级差异,他们通过逻辑演绎的方法构建出一个等级控制模型。其中,克里斯泰勒认为,中心地的空间分布受市场因素、交通因素和行政因素的制约,分别形成不同"K值"原则的、等级严格的、有规律的中心地系统空间模型(图4-4)。廖什则主要从企业区位理论出发,通过逻辑推理方法,提出生产区位经济景观(图4-5)。

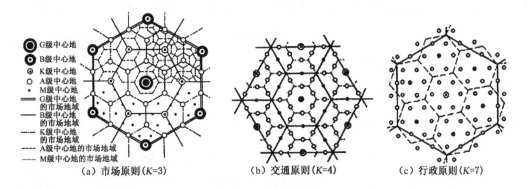

（a）市场原则（$K=3$）　　　（b）交通原则（$K=4$）　　　（c）行政原则（$K=7$）

图 4-4　中心地系统示意图[121]

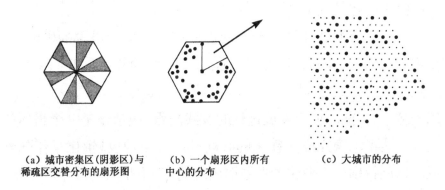

（a）城市密集区（阴影区）与　　　（b）一个扇形区内所有　　　（c）大城市的分布
　　稀疏区交替分布的扇形图　　　　中心的分布

图 4-5　廖什的经济景观[122]

（5）"核心—边缘"理论

"核心—边缘"理论是 20 世纪 60 年代提出的关于城市空间相互作用和扩散的理论。其中，美国学者弗雷德曼（J. R. Friedman）在 1936 年出版的《区域发展政策》一书中对其描述最具有代表性[123]。他认为，一个区域的空间系统包括"核心"与"外围"两个空间子系统。中心与外围之间存在着不平等的发展关系。"核心"居于统治地位，而"外围"则在发展上依赖于中心。随着经济发展，子系统的空间边界发生改变，空间关系重新组合，直到实现区域的完全经济一体化。

米达尔（G. Myrdal）和赫希曼（A. Hirschman）等西方经济学家

对"核心—边缘"理论也都进行了多方面的探讨研究[124]。但是,总体来说,"核心—边缘"理论更加适用于解释全球性和国家级等宏观地域的问题。

2. 现有城市体系分析理论的不足[125]

(1) 对城市的空间变动过程缺乏解释

"二元结构"理论认为经济发展是包括劳动力在内的生产要素不断从农村转移到城市、从农业转移到工业的过程,认为城乡的变动从属于产业结构的变动,而对城市的空间变动并没有进行研究。其原因主要包括以下几个方面:

一是主流发展经济学理论受古典和新古典经济学的影响,不重视对空间变动的研究,经济发展的空间变动并不是他们关心的重点。实践将会证明,对空间问题的忽视是经济学的一大缺陷。二是从英、美两国城市发展过程的实践来看,城镇化是一个自然的过程。两个国家完成城镇化的时间都比较早,其城镇化是伴随着经济发展特别是工业化的发展而出现的,都不是人为政策的结果。但两国由于国情不同,城镇化的发展道路并不相同,即经济发展的空间变动呈现出不同的形态而导致城镇化的空间形态呈现区别,但是,没有任何政府预先对城市发展形态做出假定。因此,德国曾经试图寻找一个合理的经济分布的空间布局,以加快要素在空间的配置、加速城镇化过程的想法也没能实现[126]。三是研究手段的限制。集聚经济是促进经济发展空间演变过程的主要力量。研究经济发展的空间变动必须抛弃规模收益不变和零交易成本的假设。但是由于技术上的障碍,一直没有得到实现。克鲁格曼认为主流经济学之所以对空间问题置之不理,并不是区位问题不重要;相反,它很重要,只是因为经济学家们没有掌握必要的研究分析工具。因此,技术上的限制影响了主流发展经济学对经济空间结构的研究。

（2）理论与政策面对城市化的两难

从经济发展的空间过程看，城市化的过程，也就是经济从不发达状态向发达状态变动的过程。但是，传统的经济理论对此基本上没有进行研究，并且现有的城市体系理论并不能清晰地解释城市化。

一是城市化是经济发展的空间变动过程。经济的发展伴随着产业结构和空间结构的变动，产业发展是空间变动的基础。从现代经济发展来看，城市化过程就是经济发展变动的空间过程。经济空间变动的结果形成了大小不等的各个城市、城镇、集镇在空间上的点状布局，即城镇体系。各种要素在地理位置上集中能够产生集聚经济，即形成城市。各种要素在不同区域的不断集中就是城镇产生和不断扩大的一个重要原因。特别是对于发展中国家来说，由于经济落后且城市化水平低，经济发展的空间变动就更为剧烈。

二是城市化道路选择上的难题。走什么样的城市化道路一直是中国城市化研究的难点和热点。有人主张优先发展小城镇，有人主张优先发展大城市，有人主张优先发展中等城市，有人主张大中小城市协调发展。其实，解决这一问题的关键是明确城市的最优规模。如果明确了城市的最优规模，那么对应的最优规模值是哪种类型的城市，就可以优先发展，城市化的难题也就迎刃而解。

二、城市网络体系

> 你不可能有一门没有连接的地理学，没有连接，就没有地理。
>
> ——古尔德（Gould，1991）

由于世界经济的日益网络化，现有城市体系的中心地等级与结构模式将转变为网络化模式。或者更准确地说，是网络化模式整合了传统的中心地模式，而不仅仅是取代，因为网络本身就包含着等级的关系。

1. 城市网络体系定义

城市网络体系,是指由多个不同等级、不同规模、不同性质的城市形成的相互联系、相互影响的呈点、线相连的网络状地理形态。在这个网络中,每个城市都是构成城市网络整个大系统的子系统,相互协调和制约,使城市网络体系的经济和社会生活正常运转。另一方面,每个城市本身又是一个子网络体系,它有自己的交通和市政设施、人员、物资配送、金融、信息流通和行政管理等网络。

城市网络体系是一个复合系统。城市网络体系中,城市之间的相互作用是城市网络形成和存在的前提。城市间相互交流和作用的基础是通过联系网络(即各种联系通道)实现的,它们也是城市网络体系得以形成和存在的基础。联系网络根据其属性不同,可以分为产业网络、交通网络、生活网络、金融网络、行政网络等多种类型。城市网络体系研究的实质在于把握城市间的关系,即相互作用或相互竞争,所以说它是从更全面的角度研究城市体系的全新领域。

2. 城市网络体系的发展

城市网络体系是城市化发展到一定阶段的产物,是中心城市与周边地区双向流动的结果。

在工业革命以前,城市化发展较慢,经济落后,生产方式以游牧、农业、手工业和低级商业为主。这些经济活动不与外部联系,仅在自己的自然封闭体内就可以完成。从空间上讲,表现为点状的互相隔离的聚落。即便如此,简单的网络也已在一定程度上存在,如连接村落与城池的小路,连接城池与京城的驰道,运输盐粮的江河。当然,这些低级网络仅仅对运输部分产品起到了一定作用,并没有改变城市总体上的隔离和封闭状态。

城市网络体系的真正发展是在 18 世纪 60 年代开始的工业革

命以后。蒸汽、电力等动力装置的发明及使用,汽车、火车、轮船、飞机等运输工具的相继产生,高速公路、铁路、港口、管道、电力输送线、机场等基础设施的日益完善,电报机、电话机以及计算机和互联网的发明产生,大大改变了城市之间人员、物资以及信息的相互流动,使得完整意义上的城市网络体系逐步形成。

虽然城市网络体系作为一个客观存在已有较长时间,但是对城市网络的研究直到 20 世纪 90 年代才慢慢开始(Smith,Timberlake,1995)[127]。随后,许多学者就有关城市网络的内容进行了大量研究,大多数学者认为城市网络体系形成的原因在于城市间的功能互补与协作（Pred,1977；Camagni,et al,1993；Camagni,et al,1994；Batten,1995；Meijers,2007)[128-132],即认为城市之间之所以发生联系,是城市功能分化的结果,由于城市功能存在差异,导致城市空间上呈现出社会分工。换言之,正是因为城市之间功能和联系的不同和互补,才形成了错综复杂的城市网络体系。20 世纪 90 年代末以来,全球城市理论的出现和发展,更是引起了很多学者对世界城市网络的格外关注[133-139]。但是由于关注对象不同,研究世界城市网络的学者重点是在全球有重要地位的世界城市（如纽约、巴黎、伦敦等),虽然他们也关注城市之间各种"流"的情况,但是并没有对其组成及量度做理论研究,而仅仅把着眼点放在了世界城市网络结构与经济全球化的相互关系上。

对于城市网络体系的研究,国内学者涉及的较少,主要是借鉴国外的理论做一些实证工作,用关系数据分析城市体系的空间组织[140-145]。

3. 城市网络体系组成

城市网络体系是由多个"节点"和相互交叉的联系"节点"的多条"通道"之间按照一定的规律经纬交织而逐渐发展形成的点、线、面的统一体。

其中,节点(node)是指城市网络体系各个不同规模的城市,也是组成城市网络体系的主体。每个节点不是相互孤立的，它们相互联系、相互制约、相互影响。节点在城市网络体系的位置决定着它和其他城市的联系程度，进而影响城市自身的发展。

通道(channel)是城市与城市发生联系的物质载体。在空间上表现为交织成网的各种线状基础设施。按照其属性可以分为自然通道(流域、海岸线)和人文通道(交通、电信、管道等线形基础设施)两大类。按照功能可以分为三类：人员与非能源物质传输通道，如公路、高速公路、铁路、水运、航空、自来水管道等；专用能量传输通道，如电力轴线、油气管道等；信息传输通道，如固定电话线网、移动通信网、闭路电视网、金融服务网、国际互联网等。

城市网络体系中的节点(城市)就是通过各种通道进行人员流、物质流、信息流以及能源流等不同要素的相互交换，将所有城市联系在一起形成面，即城市网络体系。

三、城市网络与城市体系的比较

传统的城市体系理论一般用"位序—规模法则"衡量城市，其结论是城市在城市体系中呈明显的等级金字塔结构(大城市数量少，小城市数量多)，且城市之间的联系随其等级层次而递减，因此，传统的城市体系理论更加强调不同城市的等级地位。而城市网络体系理论强调城市之间的相互联系与合作，认为城市的地位不仅仅取决于它的规模大小，而更大程度上决定于城市在整个城市网络体系中的位置，即是否位于枢纽地位。如迈阿密在美国的城市体系中等级性远不如纽约、洛杉矶、芝加哥等大城市高，但却在全球城市体系中作用重大，有拉丁美洲的"首都"之称，其在世界城市网络中联系广泛(Nijman J，1996)，虽然中心性不高但节点性突出。

城市体系中城市之间的流动是单向不对称的，一般认为城市流是由高等级城市流向低等级城市，城市等级是通过规模经济、需求要素与市场规模判定的。而在城市网络体系中,城市之间的联系是双向的,不同等级的城市之间都有联系。

城市网络体系将城市与城市之间的研究视角从"属性"研究转向城市间的"关系"研究。由城镇体系的等级排序转向城市之间的合作互补与网络共享关系。虽然,关系数据相对来说难以获取,但是它们更能说明城市之间的联系。

泰勒·贝多(Taylor Petal,2010)认为城市体系是关于城市与腹地划分的空间组织理论,受尺度限制,体现在乡村和国家两个层面上;而在全球尺度上,中心地理论无法解释世界城市的联系组织特征,对于世界城市网络组织显然缺乏解释力。

表4-1　传统城市体系与城市网络体系比较一览表

类别	传统城市体系	城市网络体系
主体	中心城市	节点(所有城市)
制约因素	规模大小	集聚能力
空间联系	单向、垂直、等级	双向、网络、垂直和横向
尺度	固定(乡村和国家)	变化(全球或区域)
研究视角	等级属性	联接关系
职能分工	等级替代	分工和互补
实证研究	属性数据	关系数据
状态	静态	动态

总之,城市网络体系理论和传统城市体系理论有很大区别(表4-1),是对传统城市等级体系的批判和改进,对城市科学的发展来说是一个巨大创新。

四、基于系统外部环境(城市网络体系)分析的城市最优规模

根据卡斯特尔斯(Castells,1996)的观点,城市不再仅仅是一个地点(place),而是一个过程(process);作为实体的城市——即单个的城市将不再存在,而是变成了城市网络体系中的一个节

点,必须也只能存在于城市网络体系中[136]。从网络的角度分析城市在城市网络体系中的作用及其演化规律,是一个全新的研究视角。

每个城市的发展都不可能离开外部的发展环境(即城市网络体系),城市就像珍珠一样有规则地镶嵌在城市网络体系的格网中,每个城市除了受上一级中心城市的影响外,还受其他高等级中心城市的影响,同时也影响着高等级城市,并与同等级城市乃至更低等级城市之间有着相互联系。从这个角度来看,城市的发展过程乃至其规模都受制于城市网络体系的影响,具体可以从三方面进行分析。第一,城市在网络体系中的位置。城市是城市网络体系的中心、枢纽、"桥头堡"或者"结构洞"①? 节点性质不同,对城市发展的影响也不同。第二,城市所在的通道类型。城市所在的通道是其他城市间联系的"必经之路",还是可有可无的"摆设"? 所处的通道类型决定了该城市在城市网络体系中的信息控制能力,从而影响城市的发展。第三,网络联系强度。城市在城市网络体系中联系的强弱即在城市网络体系中与其他城市联系的密切程度和发挥功能的大小,对城市发展有着非常重要的作用。

因此,城市作为城市网络体系中的一个节点,求证其最优规模或适度规模,需要置于城市网络体系中进行分析,将城市网络体系的要素考虑进来,才是合理的;否则,仅就单个城市而不考虑其与外部环境的关系来讨论城市的最优规模和适度规模,不能反映客观实际,更不能指导城市的现实发展。

---

① "结构洞"是指社会网络中的某个或某些个体和有些个体发生直接联系,但与其他个体不发生直接联系、无直接联系或关系间断(disconnection)的现象,从网络整体看好像网络结构中出现了洞穴。

小　结

　　生态城市是城市当前及未来发展的方向,已成为人类的共识。分析城市的最优规模,应该从生态城市入手,将城市看做一个复合的、外向的生态系统。城市的最优规模应既受到城市生态系统内部组分的影响,同时也受到系统外部控制变量的影响。因此,对城市最优规模的研究分析要综合考虑系统的内、外部两个方面。

　　本章基于生态城市的理念,分析城市生态系统内部组分和系统外部环境对城市最优规模的影响。在分析城市系统外部环境对城市最优规模影响时,比较了城市网络体系理论和传统的城市体系理论的区别与联系,创新性地应用了城市网络理论分析城市规模问题,研究认为城市最优规模受其在城市网络体系中发挥的功能和位置的影响。

71

第五章　基于生态城市的城市最优规模理论模型构建

> 即使关注的是城市运行中的一些主要问题而不面向整个系统,也很难获得预想的结果。
>
> ——肯奈斯·斯彻内德(Kenneth Schneider)

第一节　研究思路

城市规模的发展受到多种因素的影响和制约,但是根据以往学者对城市最优规模理论的研究,城市规模随不同要素的变化状态无非呈现"U"形、倒"U"形、"N"形和倒"N"形等几种不同的类型[146,51]。但是,无论是"U"形曲线(包括倒"U"形曲线)还是"N"形曲线(包括倒"N"形曲线),按照一般的经验,都可用下列简约方程来表示:

$$Y = \alpha X^3 + \beta X^2 + \gamma X + C \qquad (\text{式 5-1})$$

式中,Y 是自变量,X 是因变量,α、β、γ 是方程的系数,C 是常数。这个方程根据系数的不同,其形状也不同,可以分为以下几种类型:

（1）当 $\alpha > 0$、$\beta < 0$，且 $\gamma < \beta^2/3\alpha$ 时，方程曲线为正"N"形；相反，若 $\alpha < 0$、$\beta > 0$，且 $\gamma > \beta^2/3\alpha$，则方程曲线为倒"N"形。

（2）当 $\alpha = 0$、$\beta > 0$，则方程曲线为正"U"形；相反，若 $\alpha = 0$、$\beta < 0$，方程曲线为倒"U"形。

（3）当 $\alpha = 0$、$\beta = 0$、$\gamma \neq 0$ 时，方程表现在图上就是直线。

上述三种方程式中，第三种为直线，对城市最优规模来说没有研究意义，本书不做研究。对上述前两种情况下的曲线求其转折点，即为城市规模的极值点，至于是最大值或最小值，需要视具体情况再做进一步分析，但是城市规模的最优值为唯一解。结合曲线的实际情况，可以确定出城市的适度规模范围。

第二节　研究方法

一、系统分析方法

系统分析方法的核心是"还原论和整体论的结合"[147]。整体论主张扩大研究范围，将研究对象放在更大的系统中考虑，放在大环境背景下考虑；还原论主张对整体的认识要建立在对部分精细了解的基础上[148-149]。

要了解城市这个生态系统，就要利用系统分析方法。首先，利用还原论分析方法明确城市生态系统的各个组分，进一步厘清各个组分之间的相互关系；其次，利用整体论方法分析城市网络体系对城市的影响。

如何由局部认识获得整体认识，是系统综合要解决的问题。基于系统论方法的分析，本书在求证城市最优规模时，首先仅考虑城市系统内部组分与城市规模的关系，建立相应数学模型求出城市最优规模和适度规模；其次，仅考虑城市系统外部环境与城市规模的关系,建立数学模型求证其最优规模和适度规模;最后,将城市系统内部组分和系统外部环境都考虑进来,通过对二者与城市规模关系的整合,建立基于城市生态系统整体考虑的数学模型,并求其证最优规模和适度规模。

二、SOUDY 模型和城市网络法

1. SOUDY 模型

SOUDY(供给导向动态分析)模型是意大利学者卡马尼等在1986 年提出的。该模型认为:高等级功能的特征就是在城市中出现的等级门槛(即城市人口)很高;平均(总体)成本—收益曲线随高等级功能而增加(图 5-1)。图 5-1 中,ALC 是城市的平均成本,ABC 1、ABC 2、ABC 3 分别为不同功能的城市平均收益,d_1、d_3、d_4依次为三种不同规模与功能级别城市的最小城市有效规模,d_2、d_5、d_6 依次为其最大城市有效规模[150]。

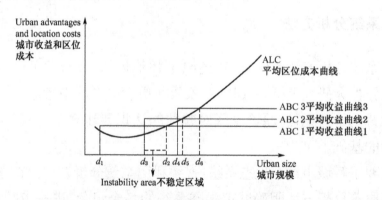

图 5-1 不同城市功能的有效规模

(资料来源:**Camagni, et al, 1986**)

供给导向动态分析对城市规模理论的发展做出了重大贡献,主要表现在三个方面:其一,用有效城市规模(efficient city size)[①]区间

---

① 有效城市规模,也可以称做适度规模,即平均收益大于平均区位成本对应的城市规模,是一个区间。

值代替了传统的最优城市规模的唯一值;其二,区分了城市功能与城市规模的关系,认为同样规模的城市,因为从事不同的专业化分工而可能具有不同的城市功能;其三,在城市规模的研究中突出了城市经济功能的重要作用。

2. 城市网络法

城市网络法是运用城市网络体系理论来研究城市规模的方法。城市网络体系具有三个最显著的特点,即网络、网络外部性、合作。其一,"网络"意味着城市之间不仅仅是等级性的、单向的上下级关系,而是具有相互影响、相互合作的双向关系。其二,"网络外部性"使得城市中的企业在做区位选择时不再仅考虑运输成本最小或者市场区范围最大,而是通过参与网络,相互合作以利用规模经济。其三,"合作"表明城市与城市之间不再是分工中的相互竞争关系,甚至城市增长过程中的"对抗"关系。在区域发展中,单个或少数城市在形态上的扩大并不是追求的终极目标,所有的城市参与者都能得到发展才是最佳选择。

结合供给导向动态模型与城市网络法,可以看出,城市规模并不是大城市集聚经济和生产力的唯一确定因素,即使是规模不大的小城市,如果能参与到城市网络体系中,实现更高的功能,也能获得规模经济。因此,我们在研究城市最优规模时一定要考虑城市在城市网络体系中的参与程度及承担的功能[150]。

三、研究工具(EViews)

利用计量分析软件 EViews,搜集研究城市的相关数据,进行回归分析,构建城市最优规模的数学模型。

EViews(Econometric Views)是当今世界上最流行的计量经济学软件之一,是美国 QMS 公司于 1981 年发行的计量经济学软件包,采用计量经济学方法与技术对社会经济关系与经济活动的数量规律进行"观察"。EViews 可以进行数据处理、制作表格、统计分析、数学建模、利用模型预测和模拟等,在数据分析与评价、财务分析、宏观经济分析与预测、模拟、销售预测和成本分析等方面尤为便捷。因此,EViews 被广泛应用于经济、金融、保险、管理、商务等领域,也适用于自然科学、社会科学、人文科学中的多个领域[151]。

第三节　基于系统内部的城市最优规模模型

　　切记! 当你分析一个变量对于经济体系的影响时,一定要保持其他条件不变。

　　　　　　　　　　——保罗·A. 萨缪尔森(Paul A. Samuelson)

一、理论分析

如果将城市整体视为一个独立的生产单位(如同一个企业),城市在不同的发展阶段应该存在着效益的优劣问题,那么,城市效益最大时对应的城市人口数量即是城市的最优规模。城市效益为正值时对应的城市人口数量即为城市的适度规模。

城市的发展过程也是城市效益不断变化的复杂过程。一般来讲,在城市发展的早期,城市的环境效益较好,但是经济效益和社会效益较差;随着城市的发展,城市的经济效益会越来越好,社会效益也会有一定提升,但是环境效益会不同程度地变差;城市进一步发展,随着经济实力的增强和科学技术的发展,环境问题可以得到一定程度的治理,环境效益得到提升,基础设施的完善以及社会保障体系的逐渐健全使社会效益增强;但是,如果城市增大到超出其生态系统的承载能力范围,就会导致整个城市生态系统失衡,城市的各种效益都会变小甚至为负,城市趋于崩溃。

事实上,城市是一个复杂的巨系统,它包括经济、社会、环境三个子系统,每个子系统又可以向下分成多级子系统,所以,要研究清楚城市系统与城市规模之间的关系是个非常艰难的工作。为了简化研究工作,本章假定了几个基本前提条件:

(1) 认为表征城市人口最优规模的标志是城市生态系统内部效益(包括环境效益、经济效益和社会效益的综合效益)的最大。

(2) 把城市看做一个"黑箱",忽略城市系统内部产业结构、社会政策、基础设施、科学技术、历史文化等单个因素对城市规模发展的具体影响,只研究城市内部效益和城市人口之间的关系。其他因素对城市规模的影响都用城市系统内部效益来表征。

二、指标体系构建

指标体系的构建采用层次分析方法。首先确定评价城市最优规模的标准,即城市系统内部效益的高低。其次分解为能体现该项指标的二级指标,按此原则再次进行分解,直至最底层的单项评价指标。依据此原则,本书构建了一个三层次的城市系统内部效益指标的结构框架(图 5-2)。

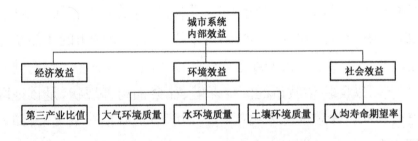

图 5-2　城市系统内部效益指标体系

城市系统内部效益指标结构框架的最高级综合指标为城市系统内部效益。以往研究中,绝大多数学者在衡量城市规模效益时采用的是城市经济效益,也有少数学者用环境效益或资源利用效率等进行研究。但是,笔者认为,城市作为一个生态系统,构成它的不仅有经济要素,还包括社会要素和环境要素;对城市效益的衡量不能仅仅用单一效益,更不能仅仅使用经济效益,特别在当今城市的环境问题和社会问题日趋激增的情况下。因此,城市系统内部效益应是包括经济效益、社会效益和环境效益在内的综合效益。所以,在城市系统内部效益的总指标下,又分为一级指标、二级指标两级。一级指标有三项内容,分别是经济效益、环境效益和社会效益;二级指标是第一级指标的进一步分解。

(1) 经济效益:是指一个城市的经济状况,用第三产业占国内生产总值(GDP)的比重来表示。第三产业的兴旺发达是现代化经济的一个必要特征。一个国家或一个地区包括一个城市的经济发达程度如何,主要通过第三产业的发展来体现,第三产业的繁荣与发展程度,已成为衡量现代经济发达程度的重要标志之一。在组成国民经济结构的三类产业中,第一、二产业是第三产业的前提和基础,第三产业对第一、二产业的发展具有促进作用。在一定程度上,第三产业的发展情况,也可以反映第一、二产业的发展情况。因此,本书以第三产业的比重来表征一个城市的经济效益。

(2) 社会效益:用人均期望寿命指数来表征。城市的发展归根到底是为"人"服务的,城市是"人"的城市,是让人宜居的场所。所以,反映一个城市的社会效益,可以用人在这个城市的生活状态或生活质量来表示。人均期望寿命既能反映一个地区人们的健康水平,还可以反映该城市的医疗保健、社会福利等现状,是该地区社会效益的具体表征。本书采用人均期望寿命指数来表征,即人均期望寿命与人类生理寿命(120 岁)[1]的比值,也就是人类在当今

---

① 按生物学的原理,哺乳动物的寿命是它生长期的 5~6 倍。人的生长期以最后一颗牙齿长出来的时间(20~25 岁)计算,据此公认的人的正常寿命应该是 120 岁;而根据生物学律,最高寿命相当于性成熟期的 8~10 倍,人类的性成熟期是 13~15 岁,根据推算,人类的自然寿命是 120 岁;再根据细胞分裂的次数推算,人类自然寿命至少有 120 年左右。因此,本书将人的生理寿命设定为 120 岁。

社会条件下的平均生存系数。

（3）环境效益：是指对一个城市环境质量优劣的量度。此处的城市环境意指狭义的城市自然环境，主要包括三个组成部分，即水环境、大气环境和土壤环境。城市的环境效益可以用城市的大气环境质量、水环境质量和土壤环境质量三个指标来表示。

三、计算方式

1. 二级指标指数的计算

由于各个指标实际值的单位不统一，即物理含义不同，具有量纲的差异，因此为了使所有指标可以对比，首先需要对指标进行无量纲化处理，使其标准化并可加和。本书采用的无量纲化方式是，每一指标都与该指标的最大值相除。其中，第三产业占 GDP 比重的最大值为 100%；水环境、大气环境和土壤环境的最大值是其各自相关指标的最佳值，然后给三者分别赋权加和得出环境效益；人均期望寿命的最大值取人的最大期望生理寿命（120 岁）。

2. 一级指标的计算

一级指标指数由所属各二级指标数值乘以各自的权重值后进行加和得到。其计算公式为：

$$V_i = (\sum_{i=1}^{m} Q_i)/m \qquad （式 5-2）$$

其中：V_i——某一一级指标的指数值；

Q_i——某一二级指标的指数值；

m——该一级指标所属二级指标的项数。

3. 综合指标数值的计算

采用加权迭加的方法，各级指数乘以各自的权重，进行求和，

得出城市综合系统内部效益,其计算公式如下:

$$E_内 = \sum_{i=1}^{n} W_i V_i \qquad (式 5\text{-}3)$$

其中:$E_内$——城市系统内部效益;

V_i——某一级指标的指数值;

W_i——某一级指标的权重;

n——该一级指标的个数。

4. 权重值计算

在计算城市系统内部效益和各级指标指数时,权重的确定非常重要,本书采用特尔斐法计算。

(1) 权值确定的方法

首先,设计调查表。调查表是特尔斐法的重中之重,直接决定着所获得信息的数量和质量。

其次,选择专家。专家选择的合适与否是特尔斐法成败的关键。一般来讲,选择专家时,应该注意以下几点:第一,专家应该是对该领域非常熟悉的专业技术人员;第二,尽可能多地选择多领域的专家;第三,考虑到结果的精确度,选择的专家要尽量多,同时考虑到操作的可行性,一般宜在 30~50 位。

一般来讲,特尔斐法的过程分二轮或四轮进行。具体操作中,可以结合回收的调查表中一级指标的分值,根据计算结果来确定需要进行几轮。

(2) 权重的确定

利用语义变量分析进行权重分析和计算。首先,获得各二级指标和一级指标权重的分析矩阵;其次,进一步计算出该矩阵的相容矩阵;最后,获得各二级指数和一级指数的权重。在此基础上,计算得到各指数的最后权重。

第四节　基于系统外部环境的城市最优规模模型

一、理论分析

城市是一个生态系统,同时也是一个具有高度依赖性、外向依存度非常大的综合系统,一个开放性的系统。如果仅靠城市系统内部的物质循环和能量交换,这个系统绝对不能生存,必须依靠与系统外部环境进行大量物质和能量的输入以及废物的输出才得以持续。如果把城市和其外部环境看做一个城市网络体系,那么城市就是城市网络体系的一个节点。在城市发展的过程中,城市依靠各种关系通道与外部环境发生着密切的联系,在城市网络体系的分工合作中承担着自己的功能作用;而这种联系的程度及功能作用发挥的大小直接影响和制约着城市的发展潜力。因此,可以说,城市的发展,包括城市规模都受制于其所在的城市网络体系。在城市的发展过程中,各种交通、信息网络的形成改变了城市的分布和最优规模的条件;与城市之间的不同分工,也影响了其经济、社会情况的发展,进而影响城市规模的发展。城市在城市网络体系中的位置决定了它在城市网络体系中的地位和权利,同时城市在城市网络体系中的参与程度影响到它的发展和繁荣。

城市系统外部环境包括的组分非常多,相对于系统内部的组分来讲更加复杂,试图全部定量研究其对城市规模的影响,在实践中既无可能性也无必要,而且影响城市发展的外部变量是不断变化的,不同时期发挥的作用也不尽相同。所以,精确地定量城市系统外部环境对城市规模的影响,在实证研究中难以实现。但是,理论上外部环境对城市规模的影响不容忽视。因此,为了简化研究工作,本书假定几个基本前提条件。

（1）一个城市的最优规模取决于它在城市网络体系中的位置

和功能。位置即该城市在网络体系中节点的特性,决定了它与其他城市的联系程度,用联结度表征;功能表示该城市在城市网络体系分工合作中的地位,其大小用功能度来表征。

(2) 把城市看做一个系统整体,只研究城市系统外部环境(即城市网络体系)和城市人口之间的关系。其中,城市系统外部环境的定量表达用城市系统外部效益表示,包括联结度和功能度。

(3) 把城市看做一个"黑箱",忽略城市系统外部环境的每个组分对城市人口发展的影响,把系统外部环境中的路网联系程度、经济联系、文化联系乃至政治联系等等所有外部环境控制变量对城市规模的影响都以城市系统外部效益来表征。

二、概念界定

对城市网络进行概念化和定量表达的方式有多种,但是被大多数学者广泛接受的是强调城市分析中的"关系"属性,也就是认为城市建立在流经它们的"流"(包括经济流、物质流、金融流和信息流等)的基础上。

史密斯和廷伯莱克将城市间的联系进行梳理并进一步概念化,认为城市间的联系可从两个维度进行分析,即形式维度和功能维度。从形式的维度,可以把城市之间的联系方式概括为人、物质和信息三种;本书认为,具体到实证研究时,用经济流、物质流、金融流和信息流等四个指标表示更具体,也更全面。从功能的维度,可以将城市间的联系方式分为经济联系、政治联系、社会联系和文化联系四种类型(Smith,Timberlake,1995)[152]。

1. 联结度

城市网络体系中的各个城市不是孤立的,城市与城市之间相互作用、相互联系,形成城市之间的协作,以获得网络外部经济性。这种作用和联系使不同的城市间有了流通,在现实中表现为城市与城市之间的各种"流"（flow），包括经济流、物质流（人口流和货物流）、金融流和信息流等。因此，流通过程也就是经济流、物质流、金融流和信息流等的统一（田村正纪，2007）[153]。正是这些不同的"流"，使城市与城市之间、城市与区域之间的经济和社会活动相互关联，从而构成不同层次的空间经济体系，即城市网络体系[154]。

衡量一个城市各种城市"流"在城市网络体系中所发生的频繁的、双向的甚至多向的流动强度即为联结度。换句话说，城市联结度的表现形式就是经济流、物质流、金融流和信息流等在城市网络体系内的空间流动，是对一个城市与其所在城市网络体系中的其他城市联系便捷性大小的量度。

2．功能度

城市功能是一个城市存在的本质特征，是指一个城市在国家或地区中所发挥的政治、经济和文化作用，以及由于这些作用的发挥而产生的效能。一个城市具有什么样的功能，不是由人们的主观意志决定的，而是由城市自身及其周围的自然地理、社会经济和历史文化等诸多方面条件决定的[155]，也即由城市系统内部和系统外部的城市网络体系决定。城市功能可以分为基本功能和非基本功能两类，前者指城市对外部环境所承担的任务和功能，后者指城市为城市本身的发展所必须具有的功能。本书中的城市功能指的是前者，即城市的基本功能。

功能度是对城市发挥功能大小的量度，即一个城市在其所在的城市网络体系中所承担的功能的大小。具体到实证研究中，用城市的政治功能、经济功能和文化功能等的加权和表示。

三、指标体系构建

1．指标体系建立的原则

（1）综合性原则。影响城市最优规模的因素有很多，应考虑到多项指标,构建能直接而全面地反映城市外部影响城市规模大小的综合指标。

(2) 代表性原则。城市生态系统外部环境参量众多,对城市规模的制约作用不同,要求选用的指标能最大程度地反映对城市规模发展的影响。

(3) 层次性原则。对每一级指标根据不同需要和详尽程度确定是否需要进一步分层、分级。

(4) 可比性原则。考虑到城市发展的阶段性和不同城市间的差异,应使确定的指标既具有社会经济发展的阶段性,同时又具有相对稳定性和兼有横向、纵向的可比性。

(5) 可操作性原则。要使指标数据既可以较方便获取,又能在不同的时间和空间范围内使用,为不同城市的评估乃至城市规划提供依据。

2. 指标体系的构建方式

本书采用层次分析方法,构建了城市系统外部环境影响城市规模的指标体系。首先明确影响城市规模的主要系统外部要素,然后逐步进行分解,直至最底层的单项评价指标。本书构建的指标体系分为三层次,其最高级(0级)综合指标为城市系统外部效益(图 5-3)。

一级指标包括联结度和功能度。二级指标根据前述指标选择原则而确定。其中,联结度由经济流、交通流、信息流和金融流四个二级指标组成;功能度由经济功能、政治功能和文化功能三个二级指标组成。三级指标在上述七个二级指标的基础上进一步分解得到,最终构成完整的城市系统外部效益指标体系。由于城市在城市网络体系的联结度和功能度都由数个因子组成,其中有些因子容易定量,而有些因子难以定量或者难以取得定量数据,因此,对二级指标,特别是三级指标的选择,不可避免地存在不完备的缺陷。本书的三级指标共有 21 个,包括以下内容。

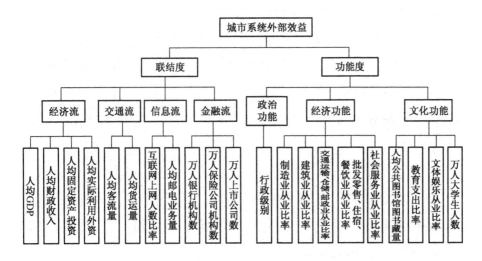

图 5-3 城市系统外部效益指标体系

（1）经济流

经济流是指一个城市依靠自己的经济实力而与外部发生的联系，包括的下级指标有四个。

① 人均国内生产总值（即人均 GDP）：一个城市与其他城市的联系是建立在一定的经济基础上的。一般说来，经济实力越强的城市，与其他城市的联系也越密切。国内生产总值（GDP）是反映一个城市经济总体实力的重要指标，在一定程度上决定着在城市网络体系中的地位以及与其他城市联系的潜力。本书采用城市人均 GDP 有利于城市与城市网络体系的比较[①]。

② 人均财政收入：财政收入是衡量一个国家或区域政府财力的重要指标，政府在社会经济活动中提供公共物品和服务的范围和数量，在很大程度上决定于财政收入的充裕状况。

③ 人均固定资产投资：固定资产投资是社会固定资产再生产的主要手段。政府通过固定资产投资，可以采用先进设备，建立新

---

① 为了各个指标的比较和进行无量纲化处理，本书指标体系中涉及总量和人均的指标都采用人均指标表示。

兴部门,优化产业结构和空间布局,增强经济实力。

④ 人均实际利用外资:实际利用外资是指一个国家和区域在和外商签订合同后,实际到达的外资款项。只有实际利用外资才能真正体现外资利用水平。实际利用外资是加快城市经济发展的催化剂,特别是对资金短缺、处于特殊的快速发展时期的国家来说。

(2) 交通流

交通流是指发生在两个或多个城市之间的由经济内在联系驱动的各种要素和产品的流动,包括人员流和货物流,具体用人均客流量和人均货运量表示。

① 人均客流量:客流量是一定时间内一个城市与其他城市之间通过各种交通方式产生的人员流动数量,包括空运、铁路、公路和水运等在内的全部客流数据。

② 人均货运量:货运量是指通过各种交通方式发生的物质资源的流动,包括空运、铁路、公路和水运等交通方式的全部数据。

(3) 信息流

信息流是城市流通体系的神经,是城市间各种"流"存在和运动的内在机制,具有十分重要的作用。信息流指城市之间采用各种方式而实现的信息交流,具体而言,包括互联网、电话、邮政等方面,实证中用互联网上网人数比率和人均邮电业务量表示。

① 互联网上网人数比率:互联网是城市文化产业中非常重要的一个组成部分,已经成为生产、生活中不可分割的一部分,是信息传播的重要途径之一。

② 人均邮电业务量:邮电业务量是对邮电、通信产品量的统称。既指邮电各专业业务量,用来反映邮电部门为社会提供的完整信息传递服务的数量指标,又用来表示邮电通信企业的产品量。

(4) 金融流

金融流也可以称为资金流,指城市之间各类金融机构之间的联系,包括银行、保险公司、上市公司等,用万人银行机构数、万人保险公司机构数和万人上市公司数等指标表示。

① 万人银行机构数:银行机构在资产规模、资本实力、人才队伍和网点数量等金融行业中占据主导地位,包括中央银行、商业银行、政策银行等驻城市的总部或分支机构。

② 万人保险公司机构数:保险业是金融机构的重要组成部分,可以为经济建设提供大量的资金,在优化金融资源配置、深化金融体制改革和促进社会经济发展中具有重要地位和作用。

③ 万人上市公司数:与一般公司相比,上市公司最大的特点在于可利用证券市场进行筹资,广泛地吸收社会上的闲散资金,从而迅速扩大企业规模,增强产品的竞争力和市场占有率。因此,上市公司在资金的流动中发挥着重要的作用。

(5) 政治功能

政治功能是指一个城市在城市网络体系中所发挥的政治影响和作用。城市具有严格的行政级别,这在一定程度上决定了城市之间的从属关系。政治功能指标用城市的行政级别表示,分为直辖市、副省级市、地级市和县级市四类。

(6) 经济功能

经济功能是指一个城市在城市网络体系分工中承担较大作用的经济部门,即一个城市的主要经济部门,即在城市网络体系中承担较大分工的行业情况。经济功能用以下国民经济发展中主要的几个产业部门从业比率来衡量。

① 制造业从业比率:制造业直接体现一个国家、一个区域乃至一个城市的生产力发展水平,是区别其经济发展水平高低的重要因素,越是经济发达的地区制造业的比重越高。制造业作为我国国民经济的支柱产业,是国经济增长的主导部门和经济转型的基础。作为经济社会发展的重要依托,制造业也是一个城市竞争力的集中体现。

② 建筑业从业比率：建筑业是国民经济的重要物质生产部门，它是国民经济各物质生产部门和交通运输部门进行生产的手段，与整个国家经济的发展、人民生活的改善有着密切的关系。许多西方国家，把建筑业、钢铁工业、汽车工业等产业部门并列为国民经济的三大支柱。中国正处于快速发展的阶段，建筑业的增长速度迅猛，对国民经济增长的贡献巨大。可以说，一个城市建筑业的发展在一定程度上反映了它的潜力。

③ 交通运输、仓储、邮政业从业比率：交通运输、仓储、邮政业是国民经济体系中重要的物质生产部门，是连接客流、物流、信息流的重要枢纽，也是经济发展的基础和先导，同时经济发展对交通运输、仓储和邮政业有着极大的促进作用。这几个部门的发展对城市与外部的联系起着非常重要的支撑作用。

④ 批发零售、住宿、餐饮业从业比率：批发零售、住宿、餐饮业是国民经济的传统行业，在第三产业中占较高的比重，是居民消费市场的主要组成部分，与人民生活密切相关。

⑤ 社会服务业从业比率：社会服务业的作用不仅表现在产出量对国民经济的贡献上，还对孕育市场关系、完善市场机制以及解决劳动力就业问题产生积极而重要的影响。

（7）文化功能

文化功能也称文化价值。随着科技进步和知识经济的迅猛发展，文化已渗透到城市经济发展的方方面面。经济发达程度越高的城市，文化的支撑作用也越明显，对经济增长的贡献就越大。一般说来，文化水平越高的城市，与其他城市的联系越密切，对其他城市的影响越大，文化与经济相融合产生的竞争力成为一个国家最根本、最持久、最难替代的竞争优势。因此，城市之间的竞争，在一定程度上表现为文化的竞争。文化功能的量度包括以下四个指标。

① 人均公共图书馆图书藏量：公共图书馆作为一国重要的公

益性文化服务机构,承担着保存人类文化遗产、传播先进文化和开展社会教育等多项重要职能,对于提高全民科学和文化素养、推进科技创新与进步、促进社会主义和谐建设都发挥着重要的基础性保障作用。公共图书馆事业的发展水平反映了一个城市文明进步的程度,是该城市文化软实力的重要体现。

② 教育支出比率:教育影响城市的素质培养,是一个城市的基础。教育的投入比例在一定程度上决定了城市发展的速度和水平。

③ 文体娱乐从业比率:一个城市文体娱乐的从业比例,说明了文化产业在该城市产业结构中的重要程度。进一步和其他城市对比,可以明确该城市文化产业对其他城市作用的情况。

④ 万人大学生人数:万人大学生人数是一个城市人口素质和教育水平的反映,其比例越高,社会的文明程度越高,社会的智能化程度也越高,越有利于科学技术和城市的整体发展。

四、数据处理方式

以上指标体系中大部分指标是各自要素的数量性表达,为了便于计算,必须首先对所有数据进行无量纲化处理。因本部分指标衡量的是城市系统外部效益,所以每个指标的大小应是对该指标在城市网络体系中发挥作用的量度。因而每个指标都用所研究城市的该要素数量值与所在城市网络体系的该指标的平均值来表征。具体的计算方式采用"区位熵"进行。

区位熵又称专门化率,由哈盖特(P. Haggett)首先提出并运用于区位分析中。区位熵可以用来衡量某一区域要素的空间分布情况,反映某一产业的专业化程度,及某区域在更高层次区域的地位和作用等。本书运用区位熵指标分析一个城市的某要素在其城市网络体系中发挥作用的大小。区位熵可以表达为:

$$Q = S/P \qquad\qquad (式5-4)$$

式中，Q为某指标的区位熵，Q大于1，说明某一城市的区位熵指标所代表的要素在其城市网络体系发挥的作用大于城市网络体系中该指标的平均水平，即该城市的此项功能不仅服务于本市，同时对城市网络体系也发挥了作用；反之亦然。Q越大，说明城市的该项功能越强，与城市网络体系中其他城市的联系越广，在城市网络体系中承担的作用越大，即外部效益越大。

第五节　基于生态城市整体的城市最优规模模型

城市既是一个"经济—社会—环境"综合系统，又是一个高度开放的系统。城市的发展和城市生态系统内部的组织结构、社会经济发展条件、科技文化背景、基础设施建设等密不可分，同时，也离不开系统外部环境的影响和制约。城市的最优规模既受制于城市内部系统，又受制于外部环境因素。因此，科学地求证城市最优规模，应该把系统内部组分和系统外部环境都考虑进来。在求证城市最优规模模型的基础上，对两者进行整合，以得出基于生态城市整体分析的城市最优规模模型。

小　结

数学模型，是描述元素之间、子系统之间、层次之间相互作用以及系统与环境相互作用的数学表达式，是主要采用定量进行分析系统的工具。其中，最关键的是关于各个指标的确定。

本章从生态城市的角度，分三个层面依次递进地分别构建城市最优规模的数学模型，首先研究系统内部组分，再研究系统外部环境,最后将系统内、外部整合为一个整体。进一步采用层次分析法构建城市最优规模指标体系,界定各个指标的含义,并结合特尔斐法对各指标进行赋权。同时,对各个指标的计算方式进行了说明,为下一章的实证分析提供研究基础。

第六章　基于生态城市的城市最优
规模实证研究——青岛市

第一节　青岛市概况

青岛市位于山东半岛南端（N35°35′－37°09′，E119°30′－121°00′）、黄海之滨，东部与韩国、日本等国隔海相望。青岛现辖市南、市北、李沧、崂山、黄岛、城阳6个区和胶州、即墨、平度、莱西4个县级市[①]，总面积为10654 km^2，其中市区面积3 005 km^2。截止到2015年底，全市共有常住总人口为909.70万人，其中，市区常住人口490.22万人。

1986年，青岛市被列为国家计划单列城市，1994年被批准为副省级城市。青岛还是中国东部重要的海滨港口城市、经济中心城市、首批沿海开放城市。近年来，青岛经济迅速发展，2015年，全

① 2012年12月1日，国务院做出《关于同意山东省调整青岛市部分行政区划的批复》，即：撤销青岛市市北区、四方区，设立新的青岛市市北区，以原市北区、四方区的行政区域为新市北区的行政区域；撤销青岛市黄岛区、县级胶南市，设立新的青岛市黄岛区，以原青岛市黄岛区、县级胶南市的行政区域为新黄岛区的行政区域。

市国民生产总值(GDP)达到 9 300.07 亿元,占山东省全省国民生产总值的 14.76%,占全国国民生产总值的 0.13%,在全国所有城市中列第 12 位(表 6-1)。

　　本书中青岛行政区划采用 2012 年国务院最新划定的行政范围,其中的青岛市区指市南区、市北区、李沧区、黄岛区、城阳区和崂山区。

表 6-1　2015 年我国部分城市 GDP 排名一览表

排名	城市	常住人口(万人)	GDP(亿元)
1	上海	2 425	24 964.99
2	北京	2 168	22 968.60
3	广州	2 667	18 100.41
4	深圳	1 077	17 502.99
5	天津	1 516	16 538.19
6	重庆	1 047	15 719.72
7	苏州	1 060	14 504.07
8	武汉	1 033	10 905.60
9	成都	1 442	10 801.20
10	杭州	889	10 053.58
11	南京	821	9 720.77
12	青岛	910	9 300.07
13	长沙	731	8 600
14	无锡	650	8 500
15	佛山	720	8 200
16	宁波	781	8 000
17	大连	669	7 800
18	郑州	937	7 450
19	沈阳	828	7 280
20	烟台	702	6 300

数据来源:《中国城市统计年鉴(2016)》

第二节　研究意义

随着中央以及山东省对青岛市的政策倾斜,以及青岛市政策的调整和经济的进一步发展,青岛市必将迎来城市化的大发展时期,随之而来的城市环境问题、社会问题也将纷沓而至。因此,科学地计算青岛市的最优规模人口,可以为青岛市未来的城市发展提供合理的指导和对策。

一、未来 20 年将迎来城市化快速发展

城市化是一种客观现象和自发过程,是社会经济发展的客观要求和必然结果。但在这个过程中,政府的一系列相关政策的作用非常显著,在我国的特殊国情下尤其如此。

1. 中央决策层的政策措施的作用非常明显

2013 年,中央城镇化工作会议对城镇化总体布局做了安排,提出了"两横三纵"的城市化战略格局。"两横三纵"主要指的是构建以陆桥通道(东起连云港、西至阿拉山口的运输大通道,是亚欧大陆桥的组成部分)、沿长江通道为两条横轴,以沿海、京哈—京广、包昆通道为三条纵轴,以国家优化开发和重点开发的城市化地区为主要支撑,以轴线上其他城市化地区为重要组成的城市化战略格局。青岛恰处于这个战略格局之中。2014 年 6 月经国务院批复青岛西海岸新区上升为国家战略地位,可以预见未来青岛西海岸新区的各项经济将迅猛发展,城市建设将大大加速推进。青岛市政府也确立新建一个"新青岛"的目标。一系列的规划和政策支持必将大大推进青岛未来城市化的发展[156]。

2. 山东省政府的作用不容忽视

2011 年 1 月 6 日,山东省提交的《山东半岛蓝色经济区发展规

划》获批，山东半岛蓝色经济区上升为国家战略，而青岛被山东省政府定为该区唯一的龙头城市。2013年山东省编制的《山东省城镇化发展纲要(2012—2020年)》提出在规划期间形成"一群一圈一区一带"的城镇空间格局。其中"一群"指山东半岛城市群，青岛是其核心城市。青岛市被要求按照"全域统筹、三城联动、轴带展开、生态间隔、组团发展"的空间战略格局，充分发挥龙头带动作用，强化城市功能，发展高端高质产业，打造"蓝色硅谷"，努力建设区域性贸易中心、东北亚航运中心、高技术产业中心、滨海旅游中心和财富管理中心，成为山东半岛蓝色经济区先导示范区、全省对外开放的龙头、黄渤海地区的中心城市。纲要明确提出，青岛西海岸经济新区应按照资源禀赋、发展基础和环境容量，通过提质加速，发展成为功能完善、特色鲜明的城市新区。由一系列政策可以看出，山东省政府对青岛未来城市化建设的大力支持和倾斜。

3. 青岛市政府的高执行能力是保障

青岛市政府在建设新型城镇化过程中，制定了一系列有效的政策措施。一是构建科学的城镇体系，2000年青岛提出"中心城市—次中心城市—重点镇"三个层次整体推进的发展格局。二是加快农村基础设施建设和工业化进程，对全市的交通、水电、供热、燃气、电信、垃圾处理等基础设施给予重点支持。三是全面统筹城乡社会事业发展[157]，成立青岛市城市化工作领导小组。2013年，进一步提出了"全域统筹、三城联动、轴带展开、生态间隔、组团发展"的城镇化战略，组织编制了《青岛市城市空间战略发展规划》《青岛市域城镇体系规划》等规划。随着新黄岛区的设立，以及董家口港、西海岸国家新区的建设，青岛市的城市化建设将迎来新的高潮。

二、城市化的压力

城市化的快速发展,能带动经济效益的提高,增强城市竞争力,但是不可避免地也会带来一系列环境和社会问题。

首先是生态环境的压力。快速发展的城市化带来各种弊端,形成城市人口的急剧增加、环境恶化、资源危机、大气污染、水资源短缺、噪音污染、交通拥堵、治安恶化等多种"城市病"。青岛已经出现了不同程度的住房紧张、交通拥堵现象等问题,尤其是雾霾天气天数近年来增加趋势非常明显。随着城市化的快速发展,特别是董家口重工业基地的建设和大批重工业的入驻和运行,青岛市生态环境所承受的环境威胁将会越来越大。

其次是社会压力。城市化将使城市人口激增,使得劳动就业、社会保障面临巨大压力,社会贫富差距加大,造成新的贫困阶层出现。这些问题可直接导致人们心理的不平衡甚至引起某些反社会倾向,成为引发犯罪的温床。

第三节 基于城市系统内部的青岛市城市最优规模

一、数据来源

本部分研究时间范围为 1988—2012 年,区域范围为青岛市区,包括市南区、市北区(含原市北区和原四方区)、李沧区、黄岛区(包括原黄岛区和原胶南市)、崂山区、城阳区。数据主要来自《青岛市统计年鉴》(1989—2013 年)和《中国城市统计年鉴》(1989—2013 年)。

根据第五章第三节构建的城市内部效益指标体系,列出青岛市的相关指标(表6-2)。由于青岛市的水环境质量、大气环境质量和土壤环境质量数据不全或未有统计而不能使用,因而采用相关替代指标。现实中城市环境质量即为大量工业生产活动对城市生态环境的影响程度的反映,因此,采用工业"三废"的处理情况(包括工业废气处理率、工业废水排放达标率、工业固体废物综合利用率)表征城市发展对城市环境的影响。

表6-2　青岛市系统内部效益指标一览表(1988—2012 年)

年　份	第三产业 比值(%)	工业废水排 放达标率(%)	工业废气 处理率(%)	工业固体废物综 合利用率(%)	人均寿命 (岁)
1988	25.80	43.83	58.91	42.98	69.90
1989	27.10	35.80	56.91	41.47	70.27
1990	28.50	46.18	86.38	42.34	70.60
1991	28.80	49.63	87.38	44.20	70.93
1992	31.20	39.72	89.83	45.70	71.26
1993	33.90	44.58	91.00	46.60	71.59
1994	35.60	43.88	96.01	47.80	71.92
1995	35.60	48.88	95.43	49.57	72.25
1996	35.00	65.26	95.73	66.00	72.58
1997	37.40	64.58	94.31	89.10	72.91
1998	37.60	68.73	94.66	89.10	73.24
1999	38.60	80.98	97.16	88.30	73.57
2000	41.60	96.53	98.47	84.60	73.90
2001	42.40	98.82	99.00	93.31	74.16
2002	42.80	99.93	99.82	97.31	74.42
2003	42.60	99.92	99.92	99.87	74.68
2004	42.10	99.92	99.94	97.02	74.94
2005	41.60	99.92	99.98	96.87	75.2
2006	41.80	98.74	98.51	96.75	75.46
2007	43.00	98.13	99.66	98.00	75.72

续　表

年　份	第三产业比值(%)	工业废水排放达标率(%)	工业废气处理率(%)	工业固体废物综合利用率(%)	人均寿命(岁)
2008	44.10	99.77	99.90	98.31	75.98
2009	45.40	99.80	99.10	98.16	76.24
2010	46.40	99.80	98.62	98.60	76.50
2011	47.80	99.80	98.80	98.32	76.76
2012	49.00	99.69	99.40	98.50	77.02

注:1991—1994、1996、1997年的工业固体废物处理率的数据没有查到,根据其他年度推算;人均寿命只有1990、2000和2010年的数据,其他年份据其递推。其结果不受影响。

二、指标权重测算

城市作为一个"经济—社会—环境"综合系统,追求的是综合效益,而三者发挥的作用存在一定区别。因此,在计算综合效益时,对经济效益、社会效益和环境效益分别赋权。

根据第五章第三节指标权重的计算方式,共发放问卷50份,回收47份,全部为有效问卷。最终整理得到,经济效益、社会效益和环境效益各自在城市综合效益中的比重,分别为经济效益0.40,环境效益0.35,社会效益0.25。组成环境效益的三个指标,即工业废水排放达标率、工业废气处理率和工业固体废物综合利用率对环境效益的影响作用等值,三者的权重一致。由此,得出青岛市系统内部效益组成指标的权重值(表6-3)。

表6-3　青岛市系统内部效益指标权重一览表

指标名称	权重	指标名称	权重	指标名称	权重
一、经济效益	0.40	二、环境效益	0.35	三、社会效益	0.25
第三产业比重	1.00	(一)工业废水排放达标率	1/3	人均寿命期望率	1.00
		(二)工业废气处理率	1/3		
		(三)工业固体废物综合利用率	1/3		

三、指标值的确定

根据第五章第三节城市系统内部指标的计算方法,结合青岛市的各项分指标值(表 6-2)及权重值(表 6-3),可以得出青岛市 1988—2012 年的系统内部效益值(表 6-4)。

表 6-4　青岛市系统内部效益一览表(1988—2012 年)(单位:%)

年　份	经济效益	环境效益	社会效益	系统内部效益
1988	25.80	48.57	58.25	41.88
1989	27.10	44.73	58.56	41.14
1990	28.50	58.30	58.83	46.51
1991	28.80	60.40	59.11	47.44
1992	31.20	58.42	59.38	47.77
1993	33.90	60.73	59.66	49.73
1994	35.60	62.56	59.93	51.12
1995	35.60	64.63	60.21	51.91
1996	35.00	75.66	60.48	55.60
1997	37.40	82.66	60.76	59.08
1998	37.60	84.16	61.03	59.75
1999	38.60	88.81	61.31	61.85
2000	41.60	93.20	61.58	64.66
2001	42.40	97.04	61.80	66.37
2002	42.80	99.02	62.02	67.28
2003	42.60	99.90	62.23	67.56
2004	42.10	98.96	62.45	67.09
2005	41.60	98.92	62.67	66.93
2006	41.80	98.00	62.88	66.74
2007	43.00	98.60	63.10	67.49
2008	44.10	99.33	63.32	68.24
2009	45.40	99.02	63.53	68.70
2010	46.40	99.00	63.75	69.25
2011	47.80	99.00	63.97	69.83
2012	49.00	98.20	64.18	70.44

四、最优规模模型计算

1. 模型估计

表 6-5　青岛市区城市人口和系统内部效益一览表(1988—2012 年)

年份	人口数(万人)	系统内部效益
1988	284.85	41.88
1989	287.67	41.14
1990	289.70	46.51
1991	292.82	47.44
1992	294.85	47.77
1993	297.39	49.73
1994	299.98	51.12
1995	303.69	51.91
1996	307.18	55.60
1997	310.30	59.08
1998	313.35	59.75
1999	315.59	61.85
2000	318.21	64.66
2001	321.28	66.37
2002	325.46	67.28
2003	330.57	67.56
2004	339.24	67.09
2005	346.57	66.93
2006	352.75	66.74
2007	358.22	67.49
2008	359.63	68.24
2009	358.21	68.70
2010	359.42	69.25
2011	361.22	69.83
2012	381.90	70.44

根据第五章关于城市最优规模的研究思路,利用 EViews 5.0 软件对青岛市 1988—2012 年的城市人口规模和城市系统内部效益(表 6-5)进行回归,得到回归结果(表 6-6)。

表 6-6　城市系统内部最优规模模型回归系数

Variable	Coefficient	Std. Error	t-Statistic	Prob.
S^3	−1.71E−05	2.03E−06	−8.390 672	0.000 0
S^2	0.011 626	0.001 346	8.636 049	0.000 0
S	−1.779 441	0.221 478	−8.034 411	0.0000
R-squared	0.949 503	Mean dependent var		59.774 40
Adjusted R-squared	0.944 912	S. D. dependent var		9.687 993
S. E. of regression	2.273 855	Akaike info criterion		4.592 997
Sum squared resid	113.749 1	Schwarz criterion		4.739 262
Log likelihood	−54.412 46	Durbin-Watson stat		0.623 461

根据表 6-6 中数据,模型估计结果为:

$$E_内 = -1.71 * 10^{-5} S^3 + 0.012 S^2 - 1.78S \text{ (模型 6-1)}$$

$$(2.03E-06)(0.001\ 346)(0.221\ 478)$$

$$t = (-8.390\ 672)(8.636\ 049)(-8.034\ 411)$$

$$R^2 = 0.949\ 503 \qquad \overline{R}^2 = 0.944\ 912$$

其中,$E_内$ 为系统内部效益,S 为城市人口数量。

通过回归构建的基于城市系统内部分析的城市最优规模模型(模型 6-1)中所列出的各变量系数的统计值可知(表 6-6),模型中所有系数均在 99% 的置信水平下联合显著,R^2 值及调整后的 R^2 值均在 0.94 以上,表明模型拟合度很高。进一步做模型设定与稳定性检验:对模型 6-1 的三次项系数 $c(1)$ 进行 Wald 检验。原假设(约束条件):$c(1)=0$,因为只有一个约束条件,故 F 统计量和 x^2 统计量等价。根据其 P 值,相伴概率为零,即在 1% 的显著水平上拒绝 $c(1)=0$ 的原假设(表 6-7)。所以约束条件 $c(1)=0$ 不成立,模型的三次项系数不为零。模型不存在设定形式的偏差问题。因此,模型 6-1 不是伪回归。

表 6-7　城市内部系统最优规模模型的 Wald 检验

Test Statistic	Value	df	Probability
F-statistic	88. 86514	(1, 22)	0. 0000
Chi-square	88. 86514	1	0. 0000
Null Hypothesis Summary			
Normalized Restriction (= 0)		Value	Std. Err.
C(1)		−1. 90E−07	2. 01E−08
Restrictions are linear in coefficients			

2. 曲线的转折点

由于模型 6-1 的三次项系数小于零,二次项系数大于零,且一次项系数满足:$\lambda > \beta^2 / 3\alpha$,因此,模型的曲线为倒"N"形曲线。将模型 6-1 用图形表示,得到图 6-1。

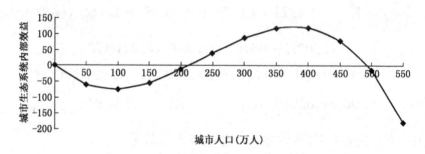

图 6-1　青岛市城市规模—城市生态系统内部效益示意图

对模型 6-1 求一阶导数,进一步得到其导函数,令模型 6-1 公式的一阶导数等于零,解得曲线两个转折点对应的青岛市城市规模为分别是:92 万人和 374 万人。

3. 最优城市规模的确定

由图 6-1 可以明确看出,青岛市系统内部效益最大值时对应

102

的是曲线的第二个转折点,城市人口是 374 万,也就是说青岛市城市最优规模是 374 万人。当青岛市城市规模小于 374 万人时,城市系统内部效益与城市规模成同向变化,即随着城市规模的扩张,城市内部效益升高;当青岛市城市规模大于 374 万人时,城市系统内部效益和城市规模呈反方向变化,即城市系统内部效益随着城市规模的扩大而下降。

4. 适度城市规模的确定

从青岛市城市系统内部效益的相对数值看,当城市规模比较小时(城市规模在 92 万～212 万人时),尽管城市系统内部效益随城市规模的扩张而递增,但是负值;而当城市规模较大时(即大于 494 万人时),城市系统内部效益又出现了负值。城市化的最终目的是追求效益的最大化,促进城市的全面发展,即追求较高的效益和效益的持续提高。综合两方面的要求,青岛市的适度城市规模应为 212 万～494 万人。

5. 模型的现实意义

城市规模—城市生态系统内部效益曲线对青岛市的未来城市化具有一定的现实指导意义。到 2012 年末,青岛市市区人口为 381.9 万人,已超过最优规模点,处于城市系统内部效益随城市规模扩张而下降的阶段,但是城市内部效益仍为呈现正值的阶段。这一结果预示着青岛将来的城市发展过程中应追求综合效益的持续提高,防止城市综合效益零点时所对应的城市规模出现,提前预防城市综合效益随城市规模扩大而下降的不利局面。

第四节　基于系统外部环境的青岛市城市最优规模

一、数据来源

本部分研究时间范围为 1998—2012 年,地理范围为青岛市区,包括市南区、市北区(包括原市北区和原四方区)、李沧区、黄岛区(包括原黄岛区和原胶南市)、崂山区、城阳区。青岛市研究数据主要来自《青岛市统计年鉴》(1999—2013 年)和《中国城市统计年鉴》(1999—2013 年)。全国数据来源于《中国统计年鉴》(1999—2013 年)。根据第五章第四节构建的基于系统外部开放性的城市最优规模指标体系,得到青岛市和全国的相关指标(表6-8、表6-9)。

其中,青岛市的互联网数据指标没有统计,因此,信息流仅用人均邮电业务量表示;青岛市的金融机构数量(银行、保险公司和上市公司等)仅能搜集到 4 年的数据,数据太少不能利用,因此,金融流以金融业从业人员比率代替。

二、数据处理

本书以青岛市作为个案实例进行实证研究,以全国为青岛市所在的城市网络体系,作为青岛市的外部影响范围①。所有指标数据的无量纲化处理以和全国同一指标的平均数据做对比,全国平均指标为 1,青岛市对应指标和全国平均值的比值即为青岛该项指标数值。根据第五章第四节求区位熵的方法得到如下结果。

---

① 青岛市的外部空间应该为青岛能够与之发生各种经济、社会、文化乃至生态联系和往来的外部空间,包括国内、外众多区域。本书以中国作为青岛市的外部空间,主要原因是青岛市的绝大部分影响范围在国内,且国内的数据便于搜集研究。

表6-8　青岛市系统外部环境相关指标一览表（1998—2012年）

青岛			1998	1999	2000	2001	2002	2003	2004	2005	2006	2007	2008	2009	2010	2011	2012
联结度	经济流	人均GDP(元)	12 443	13 884	16 009	18 128	20 655	23 986	28 540	33 085	38 608	44 964	42 266	57 251	65 827	75 563	82 680
		人均财政收入(元)	830	967	1 132	1 390	1 407	1 667	1 785	2 380	3 013	3 860	4 496	4 942	5 927	7 387	8 708
		人均固定资产投资(元)	2 730	3 138	3 434	4 131	5 147	7 597	13 467	18 940	19 825	21 575	26 510	32 231	39 582	45 701	53 975
		人均实际利用外资(美元)	121	136	181	225	332	557	522	493	488	502	347	244	372	474	598
	交通流	人均客流量(人)	19	20	20	22	24	27.57	26.14	25.67	26.53	28.16	29.70	29.65	31.17	32.07	33.27
		人均货运量(t)	28.78	29.02	34.66	40.99	44.84	48.49	52.75	45.60	52.86	52.96	55.78	32.00	35.32	38.01	37.99
	信息流	人均邮电业务量(元)	374.1	490.8	489.4	528.0	579.9	666.2	750.7	764.7	822.4	911.1	1050.2	1016.5	2844.6	2581.3	2711.5
	金融流	金融业从业比率(%)	0.019	0.019	0.020	0.020	0.020	0.026	0.015	0.014	0.012	0.013	0.014	0.016	0.018	0.018	0.019
功能度	政治功能	行政级别	副省级	副省级	副省级	副省级	副省级	副省级	副省级	副省级	副省级	副省级	副省级	副省级	副省级	副省级	副省级
	经济功能	制造业从业比率(%)	0.506	0.525	0.528	0.537	0.54	0.542	0.554	0.561	0.595	0.572	0.562	0.547	0.530	0.521	0.512
		建筑业从业比率(%)	0.039	0.038	0.038	0.036	0.042	0.041	0.098	0.097	0.066	0.067	0.057	0.058	0.060	0.063	0.065
		交通运输、仓储和邮政业从业比率(%)	0.053	0.052	0.051	0.050	0.047	0.058	0.041	0.040	0.035	0.037	0.039	0.041	0.043	0.044	0.045
		批发零售、住宿、餐饮业从业比率(%)	0.107	0.100	0.090	0.083	0.074	0.077	0.089	0.086	0.098	0.113	0.126	0.126	0.131	0.132	0.136
		社会服务业从业比率(%)	0.049	0.048	0.049	0.052	0.051	0.016	0.025	0.025	0.037	0.042	0.045	0.046	0.048	0.049	0.051
	文化功能	人均公共图书馆藏书量(册)	0.22	0.22	0.23	0.24	0.25	0.26	0.30	0.32	0.34	0.36	0.40	0.41	0.43	0.46	0.51
		教育支出比率(%)	0.005	0.005	0.015	0.013	0.023	0.022	0.021	0.022	0.022	0.027	0.029	0.031	0.031	0.035	0.041
		文体娱乐业比率(%)	0.0027	0.0027	0.0026	0.0025	0.0023	0.0068	0.0058	0.0049	0.0049	0.0040	0.0039	0.0077	0.0082	0.0083	0.0081
		万人大学生人数(人)	42.17	46.51	65.24	85.45	115.27	233.66	275.89	323.66	347.35	349.47	353.60	360.70	372.97	380.40	385.40

数据来源：《青岛市统计年鉴》1999—2013年)和《中国城市统计年鉴》1999—2013年)。

注：1998—1999年空客运流缺失，1998—2001年海运客流缺失，但是不影响分析。

表 6-9　全国相关指标一览表（1998—2012 年）

	全国		1998	1999	2000	2001	2002	2003	2004	2005	2006	2007	2008	2009	2010	2011	2012
联系维度	经济流	人均GDP(元)	6 796	7 159	7 858	8 622	9 398	10 542	12 356	14 185	16 500	20 169	23 704	25 608	30 015	35 198	38 420
		人均财政收入(元)	791.6	909.8	1 056.9	1 284	1 471	1 680	2 031	2 420	2 949	3 884	4 618	5 134	6 197	7 710	8 660
		人均固定资产投资(元)	2 277	2 373	2 597	2 916	3 384	4 300	5 422	6 789	8 368	10 393	13 014	16 830	18 770	23 118	27 672
		人均实际利用外资(美元)	46.94	41.86	46.83	38.92	42.80	43.44	49.29	48.80	51.03	59.29	71.73	68.79	81.15	87.36	83.67
	交通流	人均客流量(人)	11.05	11.09	11.67	12.02	12.51	12.28	13.60	14.13	15.40	16.86	21.60	22.31	24.38	26.17	28.09
		人均货运量(t)	10.16	10.28	10.72	10.98	11.54	12.11	13.13	14.24	15.50	17.22	19.47	21.17	24.18	27.44	30.28
	信息流	人均邮电业务量(元)	13.33	15.78	18.37	35.84	38.48	41.87	43.41	47.84	55.57	91.86	105.56	122.88	148.06	119.32	150.43
	金融流	金融业从业比率(%)	0.001 4	0.001 4	0.001 5	0.001 6	0.016 6	0.032 2	0.032 1	0.031 5	0.031 4	0.032 4	0.034 3	0.035 7	0.036 0	0.035 1	0.034 6
功能维度	政治功能	行政级别	2.38	2.40	2.43	2.44	2.45	2.46	2.47	2.47	2.47	2.47	2.47	2.47	2.47	2.47	2.48
	经济功能	制造业从业比率(%)	0.174 5	0.173 6	0.185 9	0.279	0.275 3	0.276 3	0.275 1	0.278 6	0.284 9	0.286	0.271 6	0.254 5	0.253 9	0.235 9	0.224 2
		建筑业从业比率(%)	0.017 1	0.018 7	0.023 4	0.026	0.031 6	0.033 7	0.033 8	0.035 4	0.035 7	0.037 4	0.041 2	0.041 7	0.044	0.042 2	0.042 2
		交通运输、仓储和邮政业从业比率(%)	0.058 9	0.058 4	0.052 4	0.058 2	0.058	0.058 1	0.040 1	0.037 2	0.035 9	0.034 8	0.033	0.033 7	0.029 7	0.028	0.042
		批发零售、住宿、餐饮业从业比率(%)	0.066	0.067	0.066	0.091	0.069	0.071 6	0.045 4	0.044 6	0.044 1	0.043 7	0.044 2	0.045 3	0.045 0	0.046 4	0.044 6
		社会服务业从业比率(%)	0.012	0.013	0.013	0.043	0.046	0.020 7	0.091 3	0.096 6	0.096 4	0.097	0.101	0.104 2	0.107 8	0.112 1	0.114
	文化功能	人均公共图书馆藏书量(册)	0.309	0.314 3	0.323 1	0.328	0.331 9	0.338 8	0.355	0.367 5	0.380 6	0.394	0.414 6	0.438 6	0.460 3	0.517 5	0.582 3
		教育支出比率(%)	0.027 3	0.025 4	0.024 2	0.024 5	0.029 0	0.028 6	0.027 4	0.026 0	0.025 3	0.023 7	0.023 6	0.024 1	0.023 5	0.015 5	0.014 3
		文体娱乐从业比率(%)	0.006	0.006	0.007	0.007	0.007	0.017	0.016 7	0.017	0.010 4	0.010 4	0.010 4	0.010 3	0.010 3	0.009 4	0.009
		万人大学生人数(人)	51.9	59.4	72.3	93.1	114.6	129.8	142	161.3	181.6	192.4	204.2	212.8	218.9	225.3	233.5

数据来源：《中国统计年鉴》(1999—2013 年)。

基于生态城市的城市最优规模研究

106

表 6-10　青岛市政治功能分值一览表（1998—2012 年）

年份	直辖市	副省级市	地级市	县级市	总数	全国平均分	青岛得分	青岛政治功能得分
1998	4	15	212	437	668	2.38	4	1.681
1999	4	15	222	427	668	2.40	4	1.670
2000	4	15	248	400	667	2.43	4	1.643
2001	4	15	250	393	662	2.44	4	1.639
2002	4	15	259	381	659	2.45	4	1.631
2003	4	15	265	374	658	2.46	4	1.627
2004	4	15	267	375	661	2.47	4	1.621
2005	4	15	267	375	661	2.47	4	1.621
2006	4	15	267	370	656	2.47	4	1.619
2007	4	15	268	368	655	2.47	4	1.617
2008	4	15	268	368	655	2.47	4	1.617
2009	4	15	268	367	654	2.47	4	1.617
2010	4	15	268	370	657	2.47	4	1.618
2011	4	15	269	370	658	2.47	4	1.618
2012	4	15	270	364	653	2.48	4	1.614

数据来源：《中国城市统计年鉴》(1999—2013 年)

（1）城市政治功能，是指城市政府根据国家赋予的权利，为实现国家意志、维护城市安全和稳定以及推动城市各项事业发展而担负的责任和职能；城市政治功能的大小表现为在城市网络体系中对其他城市的政治影响，用城市的行政级别表征。

本书把城市的行政级别分为四类，分别为直辖市、副省级市、地级市、县级市；它们的行政功能依次降低，分别赋值为 5 分、4 分、3 分、2 分。青岛自 1994 年被批为副省级市，所以分值一直为 4 分。利用区位熵的方法，求出青岛市不同年份城市政治功能得分（表 6-10）。

（2）人均 GDP，人均财政收入，人均固定资产投资，人均实际利用外资，人均客流量，人均货运量，人均邮电业务量，金融业从业比率，制造业从业比率，建筑业从业比率，交通运输、仓储和邮政业从业比率，批发零售、住宿、餐饮业从业比率，社会服务业从业比率，文体娱乐从业比率以及人均公共图书馆图书藏量、教育支出比率、万人大学生人数等指标都采用区位熵来表示。具体如下式：

$$Q = S_i / P_i \qquad\qquad (式 6-1)$$

式中，Q 为青岛的某指标区位熵，S_i 为青岛市该指标的数值，P_i 为全国该指标的平均值。Q 的大小表征青岛市该项要素在全国发挥作用的大小。大于 1，说明青岛市该因素发挥的作用不仅仅满足于青岛市内需要，而且对全国其他地方也起到一定的作用。Q 值愈大，说明青岛市与外界联系越强，对外发挥的功能越强；反之亦然。

三、指标权重测算

表 6-11　青岛市城市系统外部效益相关指标权重一览表

指标名称	权重	指标名称	权重
联结度	0.70	功能度	0.30
（一）经济流	0.30	（一）经济功能	0.55
（1）人均 GDP	0.25	（1）制造业从业比率	0.2
（2）人均财政收入	0.25	（2）建筑业从业比率	0.2
（3）人均固定资产投资	0.25	（3）交通运输、仓储和邮政业从业比率	0.2
（4）人均实际利用外资	0.25	（4）批发零售、住宿和餐饮业从业比率	0.2
（二）交通流	0.30	（5）社会服务业从业比率	0.2
（1）人均客流量	0.5	（二）政治功能	0.25
（2）人均货运量	0.5	行政级别	1
（三）金融流	0.20	（三）文化功能	0.20
金融业从业比率	1	（1）人均公共图书馆图书藏量	0.25
（四）信息流	0.20	（2）教育支出比率	0.25
人均邮电业务量	1	（3）文体娱乐从业比率	0.25
		（4）万人大学生人数	0.25

根据第五章第三节的指标权重计算方式，利用特尔斐法计算各相应指标权重，共发放问卷 60 份，回收 52 份，全部为有效问卷。对回收问卷进行处理，得到各相应指标的权重值（表 6-11）。根据各自的指标权重，得到表示青岛市开放性的各数值（表 6-12）。

表6-12 青岛市系统外部效益相对指标一览表

		1998	1999	2000	2001	2002	2003	2004	2005	2006	2007	2008	2009	2010	2011	2012
联结度	经济流 人均GDP	1.831	1.939	2.037	2.103	2.198	2.275	2.310	2.332	2.340	2.229	1.783	2.236	2.193	2.147	2.152
	人均财政收入	1.049	1.063	1.071	1.083	0.957	0.992	0.879	0.984	1.022	0.994	0.974	0.963	0.956	0.958	1.006
	人均固定资产投资	1.199	1.322	1.322	1.417	1.521	1.767	2.484	2.790	2.369	2.076	2.037	1.915	2.109	1.977	1.951
	人均实际利用外资	2.578	3.249	3.865	5.781	7.757	12.823	10.590	10.10	9.563	8.467	4.838	3.547	4.584	5.426	7.147
	交通流 人均客流量	1.720	1.803	1.714	1.830	1.919	2.245	1.922	1.817	1.723	1.670	1.375	1.329	1.279	1.225	1.184
	人均货运量	2.833	2.823	3.233	3.733	3.886	4.004	4.017	3.202	3.410	3.076	2.865	1.512	1.461	1.385	1.255
	信息流 人均邮电业务量	28.07	31.103	26.64	14.73	15.070	15.911	17.293	15.99	14.800	9.918	9.949	8.272	19.213	21.633	18.02
	金融流 金融业从业比率	13.57	13.571	13.33	12.50	1.205	0.808	0.467	0.444	0.382	0.401	0.408	0.448	0.500	0.513	0.549
功能度	政治功能 行政级别	1.681	1.670	1.643	1.639	1.631	1.627	1.621	1.621	1.619	1.617	1.617	1.617	1.618	1.618	1.614
	经济功能 制造业从业比率	2.900	3.024	2.840	1.925	1.962	1.962	2.014	2.014	2.089	2.000	2.069	2.149	2.088	2.209	2.284
	建筑业从业比率	2.281	2.032	1.624	1.385	1.329	1.217	2.899	2.740	1.849	1.791	1.384	1.391	1.364	1.493	1.540
	交通运输、仓储和邮政业从业比率	0.900	0.890	0.973	0.859	0.809	0.998	1.022	1.075	0.975	1.063	1.182	1.217	1.448	1.571	1.071
	批发零售、住宿、餐饮业从业比率	1.621	1.493	1.364	0.912	1.072	1.075	1.960	1.928	2.22	2.586	2.851	2.782	2.911	2.842	3.049
	社会服务业从业比率	4.083	3.692	3.769	1.209	1.109	0.773	0.274	0.259	0.384	0.433	0.446	0.442	0.445	0.437	0.447
	文化功能 人均公共图书馆图书藏量	0.712	0.700	0.712	0.732	0.753	0.767	0.845	0.871	0.893	0.914	0.965	0.935	0.932	0.895	0.876
	教育支出比率	0.183	0.197	0.620	0.531	0.793	0.769	0.766	0.827	0.870	1.139	1.229	1.286	1.319	2.258	2.867
	文体娱乐从业比率	0.450	0.450	0.371	0.357	0.329	0.400	0.347	0.288	0.394	0.385	0.379	0.748	0.812	0.883	0.900
	万人大学生人数	0.813	0.783	0.902	0.918	1.006	1.800	1.943	2.007	1.913	1.816	1.732	1.695	1.704	1.688	1.651
联结度		9.509	10.197	9.359	7.060	5.058	5.620	5.663	5.254	4.953	3.808	3.430	2.820	5.092	5.609	5.000
功能度		1.904	1.831	1.793	1.319	1.335	1.350	1.594	1.581	1.530	1.579	1.588	1.611	1.647	1.727	1.738
系统外部效益		7.223	7.687	7.089	5.337	3.941	4.339	4.442	4.152	3.926	3.139	2.877	2.457	4.058	4.444	4.021

四、最优规模模型计算

1. 模型估计

表 6-13　青岛市城市人口规模和城市系统外部效益一览表（1998—2012 年）

年　份	人口数（万人）	系统外部效益
1998	313.35	7.223
1999	315.59	7.687
2000	318.21	7.089
2001	321.28	5.337
2002	325.46	3.941
2003	330.57	4.339
2004	339.24	4.442
2005	346.57	4.152
2006	352.75	3.926
2007	358.22	3.139
2008	359.63	2.877
2009	358.21	2.457
2010	359.42	4.058
2011	361.22	4.444
2012	381.90	4.021

表 6-14　青岛市城市系统外部环境的最优规模模型回归系数

Variable	Coefficient	Std. Error	t-Statistic	Prob.
S^3	5.51E—06	1.53E—06	3.601070	0.0036
S^2	−0.003991	0.001053	−3.788924	0.0026
S	0.732696	0.180984	4.048392	0.0016
R-squared	0.772690	Mean dependent var		4.609133
Adjusted R-squared	0.734805	S.D. dependent var		1.574447
S.E. of regression	0.810795	Akaike info criterion		2.595253
Sum squared resid	7.888658	Schwarz criterion		2.736863
Log likelihood	−16.46440	Durbin-Watson stat		1.317291

110

根据第五章关于城市最优规模的研究思路,利用 EViews 5.0 软件对青岛市 1998—2012 年的城市人口规模和城市系统外部效益(表 6-13)进行回归,得到其回归结果(表 6-14)。

根据表 6-14 中的回归数据,模型估计结果为:

$$E_外 = 5.51 * 10^{-6}S^3 - 0.004S^2 + 0.73S \quad （模型 6-2）$$
$$(1.53E-06)(-0.001\,053)(0.180\,984)$$
$$t = (3.601\,070)(-3.788\,924)(4.048\,392)$$
$$R^2 = 0.772\,690 \qquad \overline{R}^2 = 0.734\,805$$

其中,$E_外$ 为城市系统外部效益;S 为城市人口规模。

由表 6-14 和模型 6-2 所列出的各变量系数的统计值可知,所有系数均在 99% 的置信水平下明显显著,R^2 值及调整后的 R^2 值均在 0.74 以上,表明模型拟合度较高。进一步作模型设定与稳定性检验:对模型 6-2 的三次项系数 $c(1)$ 进行 Wald 检验(表 6-15)。原假设(约束条件):$c(1)=0$,因为只有一个约束条件,故 F 统计量和 x^2 统计量等价。根据其 P 值,相伴概率为 0.003 6,即在 1% 的显著水平上拒绝 $c(1)=0$ 的原假设。所以约束条件 $c(1)=0$ 不成立,模型的三次项系数不为零,模型不存在设定形式的偏差问题。因此,模型不是伪回归。

表 6-15　城市系统外部最优规模模型的 Wald 检验

Test Statistic	Value	df	Probability
F-statistic	12.96770	(1, 12)	0.0036
Chi-square	12.96770	1	0.000 3
Null Hypothesis Summary			
Normalized Restriction (= 0)		Value	Std. Err.
C(1)		5.51E−06	1.53E−06
Restrictions are linear in coefficients			

2. 曲线的转折点

由于模型 6-2 的二次项系数大于零,一次项系数小于零,因此,模型的曲线为正"N"形曲线。将模型 6-2 用图形表示,得到青岛市城市规模与城市系统外部环境相互关系的曲线。

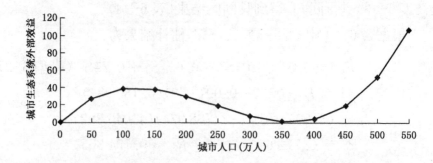

图 6-2　青岛市城市规模—城市系统外部效益模型示意图

对模型 6-2 求导,进一步得到模型的导函数,令模型 6-2 的导数等于零,解得曲线转折点对应的青岛市城市规模分别为 109 万人和 364 万人。

3. 最优城市规模的确定

因为青岛市基于系统外部环境的城市最优规模模型是正"N"形曲线,所以没有最大值。也就是说,仅考虑外部环境,青岛市的城市规模越大越好,没有最大值,即没有最优解;或者说城市可以无限大,城市的最优规模无限大。

4. 适度城市规模的确定

由图 6-2 可以看出,青岛市系统外部效益一直为正值,也就是说,城市规模只要大于 0 即可,即青岛市的规模不论多大都适度。

5. 原因分析

城市作为一个生态系统,维持其平衡的是能保证物质和能量的合理供给以及排出废物可以得到完全处理或输出。城市在发展过程中,如果所需的物质和能量可以维系城市正常活动的开展,城市日常生产或生活所产生的废物可以正常消解,或者即便不能处理但是不超出城市生态系统的承载能力,就可以说城市的发展是合理的,对城市生态系统的平衡是有利的,即城市人口的发展在适度规模之内。

一个城市在发展的初期,由于自身集聚力有限,主要是为外界提供各种物质、资金或劳动力;随着城市的进一步发展,自身实力越来越强,城市在发展过程中为自己系统内部各要素的发展壮大、优化调整承担的非基本职能越来越多,它的外向度相对变小;但是超越这一阶段后,城市实力进一步强大,成为城市网络体系中的"增长极",由此产生的集聚效应和扩散效应越来越强,使得城市与外部的联系越来越多,在城市网络体系中发挥的功能也越来越大,即城市系统外部效益越来越大。

如果只考虑城市外部环境,城市规模越大,城市系统外部效益就越高,城市与外部的联系就越强,在城市网络体系中发挥的功能也越大。换言之,不管城市怎样发展,如果有外部环境的无限支持,那么城市无论多大的人口规模都是合理的,并且城市规模越大,城市系统外部效益就越大。仅考虑城市系统外部环境,城市没有最优规模。

6. 模型的现实意义

虽然从系统外部环境的角度研究城市没有城市最优规模,但是由图 6-2 可以看出,图形有两个拐点,第一个拐点是城市发展早期,意义不大;对青岛目前及以后发展来说,重要的是第二个拐点,即城市系统外部效益最小时所对应的拐点。青岛市应努力超过这个拐点,以增加城市的开放度,在城市网络体系中发挥更大的作用,最终提高自己的竞争力。青岛市系统外部效益最小值对应的城市规模是 364 万人,青岛市现在人口为 381.9 万人,刚刚超过拐点。青岛市若要提高城市竞争力,在全国格局中争取更大的地位,应大力发展城市规模。

青岛城市发展目标是"建设现代化国际都市",本书研究为此提供了科学的理论依据:青岛在现有时间与空间条件下,城市规模的扩大、城市人口的适度提高与青岛城市系统外部效益呈正相关关系,青岛城市规模扩张具有可行性空间。建议青岛城市行政当局与规划部门开展进一步实证研究,为青岛"建设现代化国际都市"适度扩大青岛城市规模确立科学精确的决策依据。

第五节 基于生态城市整体的青岛市城市最优规模

一、模型整合

城市在发展过程中,同时受到系统内部要素和系统外部环境的影响,因此,城市规模的确定应由内部城市规模和外部城市规模整合得出。

据第五章第三节指标权重的计算方式,共发放问卷 50 份,回收 43 份,全部为有效问卷。最终整理得到,城市系统内部规模和系统外部环境规模在城市生态系统整体规模的比重分别为 0.4 和 0.6。基于城市生态系统的城市规模模型表述为:

$$E = 0.4 * E_{内} + 0.6 * E_{外} \qquad (式 6\text{-}2)$$

带入模型 6-1 和 6-2,得:

$$E = -3.5 * 10^{-6} S^3 + 0.002\,4S^2 - 0.274S \quad (模型 6\text{-}3)$$

其中,E 为城市生态系统整体效益,S 为城市人口规模,$E_{内}$ 为城市生态系统内部效益,$E_{外}$ 为城市生态系统外部效益。

二、最优规模模型计算

1. 曲线的转折点

由于模型 6-3 的三次项系数小于零,二次项系数大于零,且一

次项系数满足 $\lambda > \beta^2/3\alpha$，因此，模型的曲线为倒"N"形曲线。将模型 6-3 用图形表示，得到图 6-3。

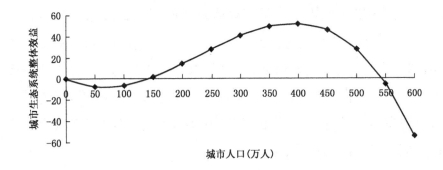

图 6-3　青岛市生态城市整体效益—城市规模模型图

对模型 6-3 求一阶导数，进一步得到其导函数，令模型 6-3 的一阶导数等于零，解得曲线两个转折点对应的城市规模分别为 67 万人和 456 万人。

2. 最优城市规模

由图 6-3 可以明确看出，青岛市生态系统整体效益最大值时对应的是曲线的第二个转折点，此点对应的城市人口是 456 万人，即城市最优规模是 456 万人。当城市规模小于 456 万人时，城市生态系统整体效益与城市规模成同向变化，即随着的扩张而升高；当城市规模大于 456 万人时，城市生态系统整体效益和城市规模呈反方向变化，即城市生态系统整体效益随着城市规模的扩大而下降。

3. 适度城市规模的确定

随着青岛市城市规模的扩张，城市生态系统整体效益会出现递增或者递减的趋势（图 6-3）；当城市规模在 142 万～544 万人时，城市生态系统都是正值。城市化的最终目的是追求城市综合效益的最大化，促进城市的全面发展，即追求较高的城市综合效益和综合效益的持续提高。综合两方面的要求，将青岛市的适度城市规模定为 142 万～544 万人。

4. 模型的现实意义

城市规模—城市生态系统整体效益模型对青岛市未来城市化具有一定的现实指导意义。到 2012 年末,青岛市市区人口为 381.9 万人,还未达到城市最优规模(456 万人)。这一现实情况要求青岛在下一阶段的城市化进程中,应加速城市化建设,努力扩大城市规模;同时,注重其内涵发展,在城市化过程中加强城市生态系统整体效益的持续提高。

第六节　三种模型比较

一、研究思路的差异

三种模型虽然都是对青岛市城市最优规模进行研究分析,但是研究视角不同。

第一种模型基于城市生态系统内部分析求证,在研究城市最优规模时,只考虑城市系统内部效益情况,这是现在绝大多数学者采用的传统研究方法。

第二种模型基于城市系统外部环境分析求证。利用这种方法研究城市最优规模时,只考虑城市系统外部环境,注重外部环境对城市规模的影响。这种方法虽有少数学者提出,但是真正进行实证研究的只有意大利学者卡马尼(2000,2013)[158],且他仅仅是考虑了不同城市的功能,而没有考虑城市之间的各种"流"的联系。

第三种模型基于城市生态系统整体角度进行,同时考虑了城市系统内部和系统外部环境两个方面的影响,更加全面、科学。

二、研究结果的差异

由于研究思路不同,因此三个模型得出的结果也不尽相同。

首先,只考虑城市系统外部环境影响的情况下,城市规模没有最优解,城市规模越大越好,并且城市在任何规模下都是适度规模。

基于城市生态系统内部和基于生态系统整体研究的两个模型,城市规模与效益的变化趋势基本相同,城市规模都有最优解和适度规模解,且相差不大。可以说,基于生态系统整体视角研究的城市最优规模是对基于城市系统内部研究的修正,叠加了外部环境的影响。修正后的基于系统整体研究的城市最优规模解,更加合理,符合实际。

第七节　青岛市未来发展对策

我国当前正处于城市化发展的高速时期,特别是 2013 年中国城镇化会议后,我国城镇化建设引起了极大的关注,各地政府官员、专家学者都对当地的城市化建设提出各种各样的预测和建议。以青岛市为例,有专家认为今后青岛的市辖区人口将突破 500 万,向特大城市的方向发展[159]。根据本书研究结果,青岛市的城市人口近期宜控制在 544 万人以内,从而保证城市的效益为正值,即城市的发展不超出城市的生态承载能力之内。

青岛近年来将迎来城市化的快速发展,这已是不争的事实。但是,怎样发展才能使城市既能实现整体竞争力的迅速提高,又不出现各种城市病等问题?本书认为,应注意以下几个方面。

一、加大城市规模快速发展

从目前我国经济增长的角度来讲,优先发展大城市是必要的,且符合世界城市规模分布规律。国家政策层面上,2008年1月起开始实施的《中华人民共和国城乡规划法》明确提出了"大、中、小城市及小城镇协调发展",一改上版"控制大城市规模"的方针。

据本章第五节计算得出,青岛的最优规模是456万人,青岛市目前人口为381.9万,远远低于这个数据,因此,青岛市当前及今后一段时间内应大力加快城市化进程,扩大城市规模,谋求城市规模经济,增强城市整体竞争力。

二、注重城市规模内涵式增长

青岛市应大力发展城市规模,但是怎样发展才是问题的关键。

关于青岛发展成为特大城市之路有两种设想:一是区县划拨,直接增加市辖区人口数量;二是通过青岛、红岛和黄岛三岛联动,形成功能互补、相互依托、各具特色的都市区,使之成为大青岛的核心区域,扩大市辖区人口数量[160]。两种方法都是从低级层面、以外延式的方式加大城市人口的途径,如今青岛已经通过合并原胶南市的做法扩大了市辖区的范围。

城市规模的科学合理扩张必须通过内涵式的增长实现,即构建合理的经济产业结构、完善的社会文化体系、更大的环境承载能力等。通过本章第四节对青岛市系统外部效益相对指标的分析可见,青岛市系统外部效益并不高,在全国中发挥的功能并不大,且总体呈下降趋势。比如,青岛市金融行业的区位熵,1998年为13.57,2002年开始下降,2003年后一直小于1,2012年更是降为0.549;社会服务业的区位熵1998年为4.083,2003年以后一直小于1,2012年降为0.447;人均公共图书馆图书藏量和文体娱乐从业比率的区位熵一直都低于1。这说明,青岛市的金融功能、社会服务业、文化功能等都低于全国平均水平,即在城市网络体系中没有发挥外向功能。另外,青岛市的交通流的区位熵,自2003年以来也逐年缩小,2012年为1.18,基本和全国平均水平持衡。

因此,青岛市若要扩大城市规模,必须从其薄弱环节入手,实现内涵式的扩张,包括以下几个方面:①加大对金融行业的支持力度。大力加强金融组织体系的建设,积极引进各类金融机构,促进地方金融机构做大做强,加大对金融专业人才的引进和培养。特别应抓住山东半岛蓝色经济区成为国家战略的有利时机,大力发展蓝色金融,使青岛成为全国蓝色金融机构、市场、产品研发、服务创新的集聚地,提高青岛在全国金融业的影响力。②积极促进文化行业的快速发展。利用丰富的海洋文化历史资源,实施重大文化产业项目带动战略,健全全市扶持文化产业发展联席会议制度,加大资金、政策措施方面的扶持力度,创造良好的发展环境,使文化产业更好、更大、更快地发展,尽快提升青岛市文化产业的竞争力。③大力发展社会公共服务业。加快发展现代服务业既是现代城市能级提升的需要,也是现代城市经济发展方式转变的需要。青岛市在今后的发展中,应深化社会服务业管理体制改革,切实转变政府职能,逐步理顺管理体制,加大对现代服务业投资的政策引导与资金扶持力度,加快现代服务业对外开放步伐,提高现代服务业行业素质,培养一批专业人才,特别要吸引一批高素质的紧缺人才和经营管理人[161]。④加强交通基础设施的发展。坚持统筹规划、合理布局、突出重点、兼顾一般的原则,集中力量建设一批城市基础设施重点工程,尽快改变基础设施建设滞后的状况,拓展城市发展空间。重点建设高效、现代的综合交通体系,以建设北方国际航运中心为目标,抓紧组织实施海港、空港等对外交通体系建设,逐步形成城市立体交通体系,规划构建海港、空港、高速公路、铁路和管道运输等组成的海陆空一体化的现代化综合交通网络。

三、提高城市生态系统承载力

城市最优规模和适度规模与城市生态系统的承载力直接相关。因此，为使城市规模足够大而又不出现城市问题，应大力提高城市生态系统的承载能力。

青岛市在今后的发展中，应坚持河海统筹、陆海兼顾，以陆源污染防治为重点，加强对近岸海域水质和生态环境的保护；坚持预防与整治相结合，以预防为主；坚持自然恢复与人工建设相结合，以自然恢复为主。应实施绿化提升、山体恢复、河道治理等方式，提高"碳汇"水平。应大力发展生态经济，加快推进产业结构调整，发挥环境保护和节能减排的引导和倒逼机制作用。并完善生态化的城市空间布局，继续落实"全域统筹、三城联动、轴带展开、生态间隔、组团发展"的空间战略布局，使生态建设与城市空间发展和生产力布局相互协调、相互促进。

小　　结

本章以青岛市为例，分别从城市生态系统内部、系统外部环境和系统整体三个角度对城市最优规模进行回归分析，建立数学模型，得出青岛市不同视角分析下的城市最优规模和适度规模。三种视角的分析中，基于城市生态系统的整体分析更加全面和科学合理，在这个视角下青岛市的最优规模为456万人，适度规模是142万～544万人。

得到这两个数值不是目的，目的是为了指导青岛市更好的发展。目前青岛市人口为381.9万人，还没有达到最优规模数值，距离适度规模更是有不小的差距。因此，青岛市未来的发展方向应表现在：积极推进城市化建设，提高城市的开放度和竞争力，同时采取科学的发展方式，避免突破适度规模的界限。

结　语

1. 主要结论

本书立足于对我国目前城市化快速发展的现实观察,在充分回顾城市最优规模理论已有文献的基础上,借鉴城市生态学、城市经济学、城市社会学、网络社会学等相关学科的理论,采用理论推演与实证分析相结合的方法,利用 EViews 软件进行计量和回归分析,从生态城市的角度对城市最优规模进行理论及数学建模研究,得到以下研究结论。

(1) 在理论上存在城市最优规模,并且每个城市的最优规模不尽相同。城市最优规模是一个动态的概念,它不仅与城市自身的环境、社会、经济发展水平相关,还与外部的城市网络有关。

(2) 对于特定时期、特定城市来说,可以求证其最优规模和适度规模。它们受城市生态系统内部组成要素和系统外部环境参量的共同影响,即一个城市的最优规模(适度规模)最终由城市内部自然地理、经济社会和历史文化的组成要素以及城市网络体系的外部环境共同决定。

(3) 只考虑城市系统内部要素的影响,城市存在最优规模和适度规模。只考虑城市系统外部环境的影响,城市不存在最优规模,城市人口越大越好,且只要大于 0 都是适度规模范围。同时考虑系统内部和系统外部环境即考虑生态系统整体,存在城市最优规模和适度规模。考虑城市系统整体效益和考虑系统内部效益的曲线走势基本一致,只是范围区间发生了改变,说明影响城市最优规模(适度规模)的主要因素是城市内部要素,城市系统外部环境只是对其进行了修正。

(4) 以青岛市为例,得出青岛市的最优规模为 456 万人,适度规模为 142 万～544 万人。

2. 主要创新点

本书的创新主要表现在以下几个方面。

(1) 在对已有的城市最优规模理论进行总结的基础上,提出从生态城市角度分析城市最优规模的全新视角。基于城市是一个生态系统,认为城市最优规模是由系统内部组成要素和系统外部环境共同决定的,突破了传统的仅从城市系统内部研究的局限。

(2) 基于城市是一个"经济—社会—环境"复合系统,城市系统内部效益应是经济效益、社会效益和环境效益叠加的综合效益,而不仅是传统研究的经济效益最大化。

(3) 首次利用城市网络理论分析城市系统外部环境对城市最优规模的影响,并结合城市网络理论进行量化计算。认为城市最优规模受其与城市系统外部环境关系的影响,即受城市在城市网络体系中位置和功能的影响。进而首次界定"联结度"和"功能度"两个概念,并构建了相应的指标体系对其进行量化处理。

(4) 分别构建基于城市生态系统内部、生态系统外部环境和生态系统整体与城市规模关系的数学模型,并以青岛市为例进行实证研究。

3. 不足与展望

本书试图从生态城市的视角求证城市的最优规模,希望能够提出更加科学的解释,打开研究问题的新视角,而不仅仅是给出答案。因为虽然问题是唯一的,但是答案却多种多样。作为对城市最优规模研究新思路的初步尝试,囿于研究时间和研究背景受限和笔者所学,在很多方面还有待完善。

(1)鉴于城市生态系统是一个复杂的综合系统,系统内各种因素之间相互交织,充满了变动性,并易受无法预料的系统外部因素的干扰,因此部分内容有待商榷。比如,对于功能度、联结度等概念的界定,对于城市系统内部效益、系统外部效益等指标体系的构建,对于生态系统整体效益模型的拟合等都有待进一步深化研究。

(2)受可获取的统计数据的影响,基于系统外部环境构建的城市最优规模数学模型不如基于系统内部的模型拟合度高(前者时间范围为1998—2012年,模型拟合度约75%;后者时间范围为1988—2012年,模型拟合度为约95%)。而且某些重要指标无法获取数据,构建的指标体系不可避免地存在着不完备的缺陷,特别是在二级指标和三级指标的选择上。比如:拟合信息流指标时,互联网的数据不全无法采用;拟合金融流变量时,各种金融机构的数量无法获得;构成环境效益的土壤质量数据无法获取,大气质量(空气优良天数)和水质量(河流达标率)数据太少等等。这些缺陷使得在构建指标体系时只能采用替代数据或舍弃该指标,在一定程度上削弱了计量结论的说服力。

(3)本书虽然从城市生态系统整体的角度,得出城市的最优规模和适度规模,但影响城市发展的因素多样,不仅涉及自然、地理、社会、经济等要素,还涉及政策制度、文化历史、周边环境等。本书模型中,城市内、外部的具体组分对城市最优规模的影响没有做明确鉴别,所以模型并不能完全解释城市的实际运行规律。若对影响城市最优规模的要素做更多或更详尽的探讨,理论上这样建立的城市最优规模的数学模型可以更准确地刻画城市的发展规律。然而,这是一项复杂而艰巨的工作,我们能做的只是尽量向这个目标靠近。

(4) 城市最优规模是一个不断发展的、动态的变化过程,因此需要用动态的观点进行研究,可利用普利戈金的耗散结构理论进行更进一步的深入探讨。

从生态城市的角度对城市最优规模进行分析研究,创新性地量化系统外部环境对城市最优规模的影响、结合影响城市规模的内外部因素求证城市最优规模的做法,是对城市最优规模研究思路的一次大胆尝试,希望可以起到抛砖引玉的作用。目前我国正处于城市化发展的转型时期,城市最优规模的研究对城市发展实践将有科学的指导意义。相信随着对城市规模和城市生态系统研究的发展和日益深入以及统计资料的不断完备,对城市最优规模的求证也将越来越科学。

参考文献

[1] 孙国强. 循环经济的新范式——循环经济生态城市的理论和实践[M]. 北京:清华大学出版社,2005.

[2] 周一星. 城市地理学[M]. 北京:商务印书馆,2003.

[3] Richardson H W. The economics of urban size[M]. London:Saxon House,D C Health Ltd,1973.

[4] Capello Roberta,Camagni Roberto. Beyond optimal city size:an evaluation of alternative urban growth patterns[J]. Urban Studies,2000,9:1479-1496.

[5] Higgins B. The rise and fall of Montreal:a case study of urban growth,regional economic expansion and national development[M]. Moncton:Canadian Institute for Research on Regional Development,1986.

[6] Matin P Brokerhoff. An urbanizing world[J]. The Population Bulletin,2000,55(3):1-48.

[7] 艾伦·W 伊文思. 城市经济学[M]. 甘士杰,等译. 上海:上海远东出版社,1992.

[8] Alonso W. The economics of urban size[J]. Papers and Proceedings of the Regional Science Association,1971,26:67-83.

[9] Hoch I. Income and city size[J]. Urban Studies,1972,9:299-328.

[10] 巴顿. 城市经济学理论和政策[M]. 北京:商务印书馆,1984.

[11] Richardson H W. The economics of urban size[M]. London:Saxon House,D C Health Ltd,1973.

[12] 霍华德. 明日的田园城市[M]. 金经元,译. 北京:商务印书馆,2010.

[13] Yang X. Development, structural changes and urbanization[J]. Journal of Development Economics,1990,34:1999-2220.

[14] Zheng Xiaoping. Measure optimal population distribution economies and dis economies:a case study of Tokyo [J]. Urban Studies,1998,35:95-112.

[15] Capello R. Urban return to scale and environmental resources: an estimate of environmental externalities in an urban production function[J]. International Journal of Environment and Pollution,1998,10(1):28-46.

[16] Anthony M J Y,Robert S. An indirect test of efficient city sizes [J]. Journal of Urban Economics,1978,5(1):46-65.

[17] Arnott R J. Optimal city size in a spatial economy[J]. Journal of Urban economics,1979,6:65-89.

[18] Alonso. Location and land use[M]. Cambridge:Harvard University Press,MA,1964.

[19] Black D B,Henderson J V. A theory of urban growth[J]. Journal of Political Economy, 1999,107:252-284.

[20] Calino G A. Manufacturing agglomeration economies as return to scale:a production approach[J]. Papers of the Regional Science Association,1982,50:95-108

[21] Yang X,Hogbin G. The optimum hierarchy[J]. China Economic Review,1990,2:125-140.

[22] Ohkawara K T,Suzuki T. Agglomeration economies and a test for optimal city sizes in Japan[J]. Journal of the Japanese and International Economies,1996,10:379-398.

[23] Henderson J V. The sizes and types of cities[J]. American Economic Review,1974,64:640-656.

[24] Fujita M. Spatial patterns of urban growth:optimum and market [J]. Journal of Urban Economics,1976,3:209-241.

[25] Duranton G,Puga D. Micro-foundations of urban agglomeration economies[M]. Working Paper,NBER,2003.

[26] Camagni R. From city hierarchy to city network:reflections about an emerging paradigm structure and change in the space economy[M]. Berlin:Springer Verlag,1993.

[27] Brueckner J K,Fansler D. The economics of urban sprawl:theory and evidence on the spatial size of cities[J]. Review of Economics and Statistics,1983,55:479-482.

[28] 巴顿 K J. 城市经济学:理论和政策[M]. 上海社会科学院城市经济研究室,译. 北京:商务印书馆,1984.

[29] Evans A W. A pure theory of city size in an industrial economy [J]. Urban Studies,1972,9:49-77.

[30] Mirreless J A. The optimum town[J]. Swedish Journal of Economics,1972,74:114-135.

[31] Arnott R J,Riley J G. Asymmetrical production possibilities,the social gains from inequality and the optimum town [J]. Scandinavian Journal of Economics,1977,79:301-311.

[32] Riley J G. Gamma Ville: an optimal town [J]. Journal of Economic Theory,1973,6:471-482.

[33] Tolley G S. The well fare economics of city bigness[J]. Journal of Urban Economics,1974,3:324-345.

[34] Henderson J V. The sizes and types of cities[J]. American Economic Review,1974,64:640-656.

[35] Miyao T. A note on land use in a square city[J]. Regional Science and Urban Economics, 1978,8:371-379.

[36] Miyao T,Shapiro P. Dynamics of rural-urban migration in a de-

veloping economy[J]. Environment and Planning,1979,11:1157-1163.

[37] Arnott R. Optimal city size in a spatial economy [J]. Journal of Urban Economics,1980,6:65-89.

[38] Harvey J. The economics of real property[M]. London:Macmillan Press,1981.

[39] Vicente Royuela,Jordi Surinach. Constituents of quality of life and urban size [J]. Social Indicators Research,2005,74(3):549-572.

[40] Yang X. Development,structural changes and urbanization1[J]. Journal of Development Economics,1990,34:199-222.

[41] Yang X,Hogbin G. The optimum hierarchy[J]. China Economic Review,1990,2:125-140.

[42] Capello R. Economies d'echelle et taille urbaine:théorie et études empiriques révisités[J]. Re'vue d'Economie Re'gionale et Urbaine,1998,1: 43-62.

[43] 周加来,黎永生. 城市规模的动态分析[J]. 财贸研究,1999,1:23-25.

[44] 陈彦光,周一星. 城市规模—产出关系的分形性质与分维特征: 对城市规模—产出幂指数模型的验证与发展[J]. 经济地理,2003,23(4): 476-481.

[45] 谈明洪,范明会. Zipf 维数和城市规模分布的分维值的关系探讨 [J]. 地理研究,2004,23(3):243-248.

[46] 周海春,许江萍. 城市适度人口规模研究[J]. 数量经济技术研究, 2001,11:9-12.

[47] 俞燕山. 我国城镇的合理规模及其效率研究[J]. 经济地理,2000, 20(2):84-89.

[48] 王小鲁,夏小林. 优化城市规模 推动经济增长[J]. 经济研究, 1999,9:22-29.

[49] 马树才,宋丽敏. 我国城市规模发展水平分析与比较研究[J]. 统计 研究,2003,4:30-34.

[50] 金相郁. 最佳城市规模理论与实证分析:以中国三大直辖市为例 [J]. 上海经济研究,2004,7:35-43.

[51] 许抄军.基于环境质量的中国城市规模探讨[J].地理研究,2009,28(3):792-802.

[52] 许抄军.两型社会城市规模研究[M].北京:社会科学文献出版社,2014.

[53] 许抄军,罗能生.基于人均资源消耗的中国城市规模研究[J].经济学家,2008,4:56-64.

[54] 王小鲁,夏小林.优化城市规模 推动经济增长[J].经济研究,1999,9:22-29.

[55] 陈伟民,蒋华园.城市规模效益及其发展政策[J].财经科学,2000,4:67-70.

[56] 俞勇军,陆玉麒.城市适度空间规模的成本—收益分析模型探讨[J].地理研究,2005,24(5):795-802.

[57] 饶会林,丛屹.再谈城市规模效益问题[J].财经问题研究,1999,10:56-58.

[58] 俞燕山.我国城镇的合理规模及其效率研究[J].经济地理,2000,20(2):84-89.

[59] 郑亚平.基于我国城市合理规模的理论与实证研究[J].求索,2006,9:81-82.

[60] 邓卫.探索适合国情的城市化道路:城市化规模问题的再认识[J].城市规划,2000,24(3):51-53.

[61] 周起业,等.区域经济学[M].北京:中国人民大学出版社,1989.

[62] 李培.最优城市规模研究述评[J].经济评论,2007(1):131-135.

[63] 陈卓咏.最优城市规模理论与实证研究评述[J].国际城市规划,2008,23(6):76-80.

[64] 范芝芬.城市规模分布与中国城市体系的垂直和水平扩张[M]//许学强.中国乡村——城市转型与协调发展.北京:科学出版社,1996.

[65] Gilbert A. The arguments for very large cities reconsidered[J]. Urban Studies,1976,13:27-34.

[66] Fu-chen Lo,Salih K. Growth pole strategy and regional development policy[M]. Oxford:Pergamon Press,1978.

［67］Gibson J E. Designing the new city：a systematic approach［M］. New York：John Wiley & Sons,1977.

［68］Cho Joo-Hyun. A study on optimum city size in Korean System of cities with special concern in survey and application of existing theories and approaches［D］. Seoul：Seoul National University,1981.

［69］Friedmann J. The world city hypothesis［J］. Development and Change,1986,17：69-83.

［70］Sonn J W,Storper M. The increasing importance of geographical proximity in knowledge production：an analysis of US patent citations, 1975—1997［J］. Environment and Planning A,2008,40(5)：1020-1039.

［71］Sassan S. The global city：New York,London,Tokyo［M］. Princeton：Princeton University Press,1991.

［72］Ju-Young Kim. Analysis of city efficiency using urban network theory［M］. The Korea Spatial Planning Review,2003,38：63-78.

［73］Yanitsky O. Social problem of man's environment［J］. The City and Ecology,1987(1)：174.

［74］Richard Register. Ecocity Berkeley：building cities for a healthy future［M］. Berkeley：North Atlantic Books,1987.

［75］黄光宇. 田园城市、绿心城市、生态城市［J］. 重庆建筑工程学院学报,1992,14(3)：63-71.

［76］王如松. 城市生态学［M］. 北京：科学出版社,1990.

［77］丁健. 现代城市经济［M］. 上海：同济大学出版社,2005.

［78］赵清,张格平,陈宗团. 生态城市理论研究述评［J］. 生态经济,2007(5)：154-158。

［79］澳大利亚城市生态协会网站资料. Http：//www. Urbanecology. org. au/whyalla/EcoCity_defn. Html.

［80］宋永昌,由文辉,王祥荣. 城市生态学［M］. 上海：华东师大出版社,2000.

［81］王彦鑫. 生态城市建设：理论与实证［M］. 北京：中国致公出版社,2011.

[82] 第五届国际生态城市会议. 生态城市建设的深圳宣言闭幕词[J]. 规划师,2002(9):121.

[83] 叶文虎,环境管理学[M]. 北京:高等教育出版社,2005.

[84] 黄肇义,杨东援. 国内外生态城市理论研究综述[J]. 城市规划, 2001,25(1):59-66.

[85] 黄光宇,陈勇. 论城市生态化与生态城市[J]. 城市环境与城市生态,1999,12(6):28-31.

[86] 埃比尼泽·霍华德. 明日的田园城市[M]. 金经元,译. 北京:商务印书馆,2000.

[87] 刘易斯·芒福德. 城市发展史——起源演变和前景[M]. 北京:中国建筑工业出版社,2005.

[88] Richard R. Ecocities[M]//A quarterly of humane sustainable culture. SA:North Atlantic Books,1984.

[89] Register R. Ecocity Berkeley:building cities for a healthy future [M]. Berkeley:North Atlantic Books,1987.

[90] Register R. The ecocity movement:deep history,movement of opportunity[C]//Village Wisdom. Future cities:The Third International Ecocity and Ecovillagae Conference. Oakland:Ecocity Builders,1996:26-29.

[91] Richard R. 生态城市——建设与自然平衡的人居环境[M]. 王如松,胡聃,译. 北京:社会科学文献出版社,2002.

[92] Yanitsky O. Social problem of man's environment[J]. The City and Ecology,1987(1):174.

[93] Dominski T. The three state evolution of ecocities-reduce,reuse, recycle[M]//Walter, et al. Sustainable cities. Los Angeles,CA:EHM Eco-Home Media,1992.

[94] 黄光宇,陈勇. 生态城市理论与规划设计方法[M]. 北京:科学出版社,2002.

[95] 周海林. 可持续发展原理[M]. 北京:商务印书馆,2004.

[96] 沈清基. 城市生态与城市环境[M]. 上海:同济大学出版社,1998: 52-55.

[97] 马世骏,王如松. 社会—经济—自然复合生态系统[J]. 生态学报,1984,4(1):1-9.

[98] 王如松. 高效·和谐——城市生态调控原则和方法[M]. 长沙:湖南教育出版社,1988.

[99] Huang Guang-yu, Huang Tian-qi. Ecopolis:concept and criteria [R]. Earth Summit:The Global Forum,Rio de Janeiro,1992.

[100] 王如松,欧阳志云. 天城合一:山水城建设的人类生态学原理 [M]//鲍世行,顾孟潮. 城市学与山水城市. 北京:中国建筑工业出版社,1994:285-295.

[101] 董宪军. 生态城市论[M]. 北京:中国社会科学出版社,2002.

[102] 黄光宇. 中国生态城市规划与建设进展[J]. 城市环境与城市生态,2001,14(3):6-8.

[103] 鲁敏,张月华,胡彦成. 城市生态学与城市生态环境研究进展[J]. 沈阳农业大学学报,2002,33(1):76-81.

[104] 黄光宇,陈勇. 生态城市理论与规划设计方法[M]. 北京:科学出版社,2002.

[105] 张坤民,温宗国,杜斌,等. 生态城市评估与指标体系[M]. 北京:化学工业出版社,2003.

[106] 邹彦林. 我国城市发展宏观思考[J]. 江淮论坛,1999(2):6-11.

[107] 杨志峰,何孟常,毛显强,等. 城市生态可持续发展规划[M]. 北京:科学出版社,2002.

[108] 生态城市网站资料. Http://www. ecocity. com/index_home. shtml.

[109] 澳大利亚城市生态协会网站资料. http://www. urbanecol-ogy. org. au/whyalla/EcoCity_defn. html.

[110] 亚洲生态网站资料. http://www. ecoasia. com/index. html.

[111] 侯爱敏,袁中金. 国外生态城市建设成功经验[J]. 城市发展研究,2006(3):1-5.

[112] 美国 Cleveland 生态城市网站资料. http://www. eco-cleveland. org.

[113] 丹麦哥本哈根生态城市网站资料. http：//www. ecocity. dk/english/project_intro. html.

[114] Bourne L S, Simmons J W. Systems of cities[M]. New York：Oxford University Press,1978.

[115] 王爱兰. 生态城市建设模式的国际比较与借鉴[J]. 城市问题,2008(6)：88-91.

[116] 第五届国际生态城市会议. 生态城市建设的深圳宣言闭幕词[J]. 规划师,2002(9)：121.

[117] 付娆,陈洪波,潘家华. 中国生态城市建设的发展历程[M]//中国城市发展 30 年(1978—2008). 北京:社会科学文献出版社,2009.

[118] 吴晨. 重大项目对城市建设的影响[J]. 北京规划建设,2005(4)：134-137.

[119] Allen Unwin. Systematic geography [M]. London：Brian Knapp,1986.

[120] 何强,井文涌,王翊亭. 环境学导论[M]. 3 版. 北京:清华大学出版社,2006.

[121] Zipf G K. Human behaviour and the principle of least-effort [M]. Cambridge：Addison Wesley,1949.

[122] 李小建. 经济地理学[M]. 2 版. 北京:高等教育出版社,2006.

[123] Friedmann J. The world city hypothesis [J]. Development and Change,1986(17)：69-83.

[124] 艾伯特·赫希曼. 经济发展战略[M]. 北京:经济科学出版社,1991.

[125] 张弥. 城市网络体系的经济学研究[D]. 大连:东北财经大学,2006.

[126] 吕旺实,邵源,王桂娟. 国外小城镇发展的经验及借鉴[J]. 小城镇建设,2002(1)：57-60.

[127] Smith David A, Michael Timberlake. Conceptualizing and mapping the structure of the world system [J]. Urban Studies, 1995,32(2)：287-302.

[128] PredA. City-systems in advanced economies [M]. London:Hutehinson,1977.

[129] Camagni R,Salone C. Network urban structures in northern Italy:elements for a theoretical framework[J]. Urban Studies,1993,30(6):1053-1064.

[130] Camagni R,Diappi L,Stabilini S. City networks in the Lombardy region: an analysis in terms of communication flows[J]. FLUX,1994,15:37-50.

[131] Batten D F. Network cities:creative urban agglomerations for the 21st Century[J]. Urban Studies,1995,32(2):313-327.

[132] Meijers E. From Central Place to Network Model:theory and evidence of a paradigm change [J]. Tijdschrift voor economische en sociale geography,2007,98(2):245-259.

[133] 姚士谋,朱振国,Kamking. 城市规模不能盲目求大[J]. 中国土地,2001(3):27-29.

[134] 谢文惠,邓卫. 城市经济学[M]. 北京:清华大学出版杜,1999.

[135] Smith David A,Michael Timberlake. Conceptualizing and mapping the structure of the world system [J]. Urban Studies,1995,32(2):287-302.

[136] Castells M. The rise of network society [M]. Oxford:Blackwell,1996.

[137] 张洋. 对城市规模的再认识——兼论西部地区的城市化道路[J]. 软科学,2001,15(3):71-74

[138] 单良,胡勇. 基于软件 Eviews/Excel/Spass 的回归分析比较[J]. 统计与决策,2006,2(下):26-29.

[139] 专家:青岛向特大城市发展 市区人口将超 500 万[N/OL]. 齐鲁晚报,2013-12-17. http://qd. house. ifeng. com/loushi/detail_2013_12/17/1603011_0. shtml.

[140] 曹小曙,薛德升,阎小培. 中国干线公路网络联结的城市通达性[J]. 地理学报,2005, 60(06):25-32.

[141] 曹小曙,阎小培. 珠江三角洲城际间运输联系的特征分析[J]. 人

文地理,2003,18(1):87-89.

[142] 金凤君. 我国航空客流网络发展及其地域系统研究[J]. 地理研究,2001,20(l):31-38.

[143] 李二玲,李小建. 基于社会网络分析方法的产业集群研究——以河南省虞城县南庄村钢卷尺产业集群为例[J]. 人文地理,2007(6):10-15.

[144] 唐子来,赵渺希. 经济全球化视角下长三角区域的城市体系演化:关联网络和价值区段的分析方法[J]. 城市规划学刊,2010(1):29-34.

[145] 薛俊菲. 基于航空网络的中国城市体系等级结构与分布格局[J]. 地理研究,2008,27(1):23-33.

[146] 许学强,周一星,宁越敏. 城市地理学[M]. 北京:高等教育出版社,1997.

[147] 钱学森. 创建系统学[M]. 太原:山西科学技术出版社,2001.

[148] 徐国志. 系统科学[M]. 上海:上海科技教育出版社,2000.

[149] 苗东升. 系统科学精要[M]. 3 版. 北京:中国人民大学出版社,2010.

[150] Camagni R,Diappil,Leonardi G. Urban growth and decline in a hierarchical system:a supply-oriented dynamic approach [J]. Regional Science and Urban Economics,1986,16:145-160.

[151] 单良,胡勇. 基于软件 Eviews/Excel/Spass 的回归分析比较[J]. 统计与决策,2006,2(下):26-29.

[152] Smith David A, Michael Timberlake. Conceptualizing and mapping the structure of the world system [J]. Urban Studies,1995,32(2):287-302.

[153] 田村正纪. 流通原理[M]. 吴小丁,王丽,译. 北京:机械工业出版社,2007.

[154] 谢永琴. 城市外部空间结构理论与实践[M]. 北京:经济科学出版社,2006.

[155] 冯云廷. 城市经济学[M]. 大连:东北财经大学出版社,2005.

[156] 陈建军. 长三角区域经济一体化的历史进程与动力结构[J]. 学术月刊,2008(8):79-85.

[157] 任文菡,柳宾. 全域统筹视角下的青岛市新型城镇化路径选择

[J].青岛农业大学学报(社会科学版),2013,25(2):6-12.

[158] Roberto Camagni,Roberta Capello,Andrea Caragliu. One or infinite optimal city sizes? In search of an equilibrium size for cities [J]. Scienze Regionali,2013,12(3):53-88.

[159] 专家:青岛向特大城市发展 市区人口将超 500 万[N/OL].齐鲁晚报,2013-12-17. http://qd. house. ifeng. com/loushi/detail_2013_12/17/1603011_0. shtml.

[160] 高强,刘春涛,孙永红. 青岛市构筑国际大城市框架的基础设施建设研究[J].中共青岛市委党校青岛行政学院学报,2009(2):62-64.

[161] 李晓青,段治平. 青岛市现代服务业发展现状与对策分析[J]. 山东经济,2011(3):140-146.

后　记

　　目前,中国正处在城市化高速发展的时期,这意味着城市人口规模快速提高,城市空间规模大幅度扩张。城市规模的快速增长,一方面可以推动城市经济发展,提升城市的竞争力;另一方面,则产生了土地紧张、住房拥挤、交通堵塞、资源短缺、环境污染等城市问题。如何求出城市的最优规模,既能保证城市经济持续快速增长,又不出现种种城市病,进而如何使城市达到这个最优规模? 这是 21 世纪我国城市化建设面临的重大课题。

　　追求城市化快速发展带来的经济效益以及解决伴随的城市问题已成为当今世界尤其是中国最困惑的抉择。本书正是在这种背景下,试图从生态城市的视角求证城市的最优规模。笔者希望提出一种更加科学的解释,提出研究问题的新视角,而不仅仅是给出答案。因为虽然问题是唯一的,但是答案却多种多样。

　　近十年来,笔者一直关注于城市规模的研究,期间完成博士论文《基于生态城市的城市最优规模理论分析和实证研究》,本书即在博士论文的基础上修改完成。从本书选题、框架组织、资料搜集、文稿修改到最后定稿,自始至终得到了恩师刘明君教授的精心指导。在本书写作过程中,也得到中国海洋大学高会旺教授、岭南师范学院许抄军教授的大力支持,在此向他们表示深深的谢意。同时,感谢华东师范大学宁越敏教授、山东大学王洪军、意大利学者 Capello Roberta 教授、日本学者郑小平教授、华南师范大学副校长朱竑教授、南京师范大学汤茂林教授、兰州大学董晓峰教授、南京大学秦萧博士、青岛市政府办公室董方秘书、青岛市环境保护局岳玲莉副处长等在本书写作中给予的帮助。

　　本书的出版得到了东南大学出版社的大力支持,在此表示衷心的感谢。特别是编辑魏晓平女士在本书的出版过程中的辛勤付出使书稿更加完善,再次表示深深的谢意。

　　此外,由于本书内容涉及面较广,在编写过程中参考、引用了大量相关论著和研究成果,限于篇幅和疏漏,有可能存在未列出所参考的文献的现象,谨向这些成果的作者一并致敬,深表歉意。同时,恳请读者对本书中的遗漏和不足之处提出批评和指正。

　　特别感谢我的母亲、我的丈夫和女儿以及所有的亲朋好友,感谢他们给予的物质和精神上的支持,使我顺利完成相关工作。

　　最后,谨以此书献给我远在天国的父亲!

纪爱华

2016 年 5 月

内 容 简 介

追求城市化快速发展带来的经济效益以及解决伴随的城市问题已成为当今世界尤其是中国最困惑的抉择。本书正是在这种背景下,提出了从生态城市的全新角度研究城市最优规模的科学方法,建立基于生态城市的城市最优规模的求解模型,分析和评判城市规模现状的合理与否,进一步指导城市的科学发展,并以青岛市为例进行了实证研究。

希望本书能够打开一个研究城市规模的全新视角,让我们一起为城市的未来发展共同思考。

图书在版编目(CIP)数据

基于生态城市的城市最优规模研究 / 纪爱华著. —
南京:东南大学出版社,2016.11
ISBN 978-7-5641-6715-8

Ⅰ.①基… Ⅱ.①纪… Ⅲ.①生态城市-城市建设-
研究 Ⅳ.①X21

中国版本图书馆 CIP 数据核字(2016)第 213292 号

基于生态城市的城市最优规模研究

出版发行	东南大学出版社	
出 版 人	江建中	
社　　址	南京市四牌楼 2 号(邮编 210096)	
印　　刷	虎彩印艺股份有限公司	
经　　销	全国各地新华书店经销	
开　　本	787m×1092mm　1/16	
印　　张	9.25	
字　　数	126 千字	
版　　次	2016 年 11 月第 1 版　2016 年 11 月第 1 次印刷	
书　　号	ISBN 978-7-5641-6715-8	
定　　价	39.80 元	

本社图书若有印装质量问题,请直接与营销部联系。电话(传真):025-83791830